Google Cloud Platform

実践 ビッグデータ分析基盤開発

ストーリーで学ぶ

Google BigQuery

著 株式会社トップゲート

⚠ 本書のサポートページ
http://www.shuwasystem.co.jp/support/7980html/5956.htm

⚠ 本書で紹介しているソフトウェアのバージョンや URL は、2019 年 10 月末現在のもので、その後変更される可能性があります。

注意

1. 本書は、著者が独自に調査した結果を出版したものです。

2. 本書の内容については万全を期して制作しましたが、万一、ご不審な点や誤り、記入漏れなどお気付きの点がありましたら、出版元まで書面にてご連絡下さい。

3. 本書の内容に関して運用した結果の影響については、上記2項にかかわらず責任を負いかねますのでご了承下さい。

4. 本書の全部あるいは一部について、出版元から文書による許諾を得ずに複製することは、法律で禁じられています。

商標

・ 記載されている会社名、商品名は各社の商標または登録商標です。

・ 本書では、®©の表示を省略していますがご了承下さい。

・ 本書では、登録商標などに一般に使われている通称を用いている場合がありますがご了承下さい。

はじめに

Google Cloud Platform（以下、**GCP**）は、Googleが提供するクラウドサービスであり、利用者は大規模で強固なGoogleのインフラストラクチャをリーズナブルな価格で利用することができます。初めてアカウントを作成すると$300相当のクレジットを12ヶ月間利用でき、試用期間後もいくつかのプロダクトはそのまま無料で利用することができます。

BigQueryは、Googleが自社で保有している膨大なデータを効率的かつ高速に分析するために構築した社内データ分析基盤を一般提供したサービスです。その内部ではBorg、Colossus、Jupiter、DremelなどのGoogle独自のコアテクノロジーが活用されており、実行されたクエリはGoogleの保有する膨大なインフラリソース上で瞬時に並列・分散処理されます。

その処理速度は1000億行のデータセットに対してインタラクティブに数十秒で結果を返してしまう程です。料金も他のプロバイダーと比較しても低価格に抑えられており、データの暗号化やレプリケーションもユーザは意識する必要はなく、BigQueryのストレージ料金に含まれています。

また、BigQueryではデータの表示やクエリの実行権限を制限でき、様々な言語のクライアントライブラリやサードパーティ製ツールからREST APIを通してクエリを実行し、データを読み込んだり可視化することができるため、安全に組織の内外に分析情報を共有することが可能です。

以降の章では、社内に蓄積されているビッグデータを、新人さんがBigQueryを駆使してその優れた機能に感動しながらも悪戦苦闘し、分析基盤として利用していくサンプルケースを通して、BigQueryの利用方法を具体的に解説していきます。まずは気を楽にして物語を楽しみながら、登場人物達と共にBigQueryや関連するGCPサービスについて理解を深めていただければと思います。

2019年10月
執筆者一同

本書について

　本書は、Google Cloud Platform（GCP）のプレミアパートナーである株式会社TOPGATEが、ビッグデータ分析の主なアーキテクチャとして採用しているBigQueryやその周辺サービスの活用方法について、親しみやすいストーリー仕立てで纏めたものです。

　BigQueryは、2011年に企業向けのビッグデータ分析サービスとしてプレビュー版が公開され、数億件のデータに対するフルスキャン検索を数秒〜数十秒で返せるその処理能力が、当時世間を驚かせました。それまで巨大なデータ集合を分析するためにはいくつものサーバでクラスタを構築し、バッチジョブで何時間も処理を実行する必要がありましたが、BigQueryの登場により、大規模な分散クエリをサーバレスで誰もが簡単に実行できるようになりました。BigQueryは標準のSQL規格に対応しているため、データベースの利用経験があればビッグデータの分析を始めることができることや、毎月10GBのストレージと1TBのクエリが無料という使い勝手の良さもあり、非常に人気の高いサービスです。2018年には東京リージョンでも使用できるようになったことで日本でも注目が高まっています。

　本書の中では、ペタバイト級のデータセットに対し処理リソースを意識することなく超高速にクエリ実行できるフルマネージドなデータ分析基盤であるBigQueryが、企業のビッグデータ分析における様々な要件を満たし、課題を解決できることを、仮想のシミュレーションを通してわかりやすく読者の皆様にお伝え致します。

　本書は弊社（TOPGATE）に入社する新入社員の入門書として配布することも想定して書かれておりますので、クラウドを活用したデータ分析に親しみのない方にとっても良い導入となるのではないかと思います。本書が、本書をお手に取られた読者の皆様や企業活動の生産性向上の一助となれることを、社員一同心より願っております。

● 対象となる読者

　本書は以下のような方を対象読者と想定して書かれています。

- GCPを活用したビッグデータ分析基盤の開発方法について学びたい方
- GCPのビッグデータ分析基盤に関する基礎を学びたい方
- BigQueryについて具体的な利用方法を学びたい方
- クラウドの開発基盤としてGCPを検討中の方

　また、本書は読者が以下に関する基本的な知識をもつことを前提とします。

- データベース設計、ファイル転送に関する一般的な知識
- UNIX/Linux環境のコマンドライン操作に関する一般的な知識
- Git/GitHubに関する基礎的な知識

● 本書の読み方

　本書の前半では、BigQueryの基本的な使い方や知識を学びます。手始めとして、BigQueryによるビッグデータ分析の基礎を学ぶための良い手助けとなるでしょう。

　後半では、BigQueryである程度の開発経験を積まれた方が実際にデータ分析基盤を開発するために必要な要素を学ぶために、実践的な手法や構成を具体的な例とともに解説します。用語やアーキテクチャには高度な内容が含まれますので、難しいと感じた場合は調べながら読み進めてください。

目　次

はじめに 3

本書について 4

Chapter 1　人物紹介とプロジェクト概要　9

1.1　ビッグデータ活用プロジェクト始動！ 10

1.2　登場人物紹介 12

1.3　データ分析の要件を決める 13

Chapter 2　BigQueryによるデータ分析　17

2.1　BigQueryを使ってみよう 18

2.1.1　BigQueryのコンソール画面 19

2.1.2　クエリ可能なデータ量の上限を設定 23

2.2　データの読み込み 25

2.2.1　データの準備 26

2.2.2　データセットの作成 27

2.2.3　テーブルの作成 30

2.3　データの加工 33

2.4　データの可視化 38

2.4.1　データポータルとの接続 39

2.4.2　Googleスプレッドシートとの接続 41

2.5　その他のデータの読み込み方法 45

2.5.1　bqコマンド 46

2.5.2　Google Cloud Storage 47

2.5.3　複数ファイルのデータ読み込み 48

2.5.4　Googleスプレッドシートをクエリする 51

Chapter 3 **BigQueryの基本と特徴** 55

3.1 **BigQueryの仕組み** 56

3.2 **BigQueryのアーキテクチャ** 58

3.3 **カラム指向ストレージ** 59

3.4 **ツリーアーキテクチャ** 60

3.5 **データ型** 61

3.6 **パーティションとクラスタ** 62

    3.6.1　パーティション分割テーブル 62

    3.6.2　クラスタ化テーブル 63

3.7 **ジョブ** 64

3.8 **ビュー** 65

Chapter 4 **パフォーマンスと費用** 67

4.1 **BigQueryのチューニング** 68

    4.1.1　費用・パフォーマンスチューニング共通 69

    4.1.2　費用チューニング 70

    4.1.3　パフォーマンスチューニング 71

    4.1.4　BigQuery のスロット 75

4.2 **BigQueryをより深く知る** 81

    4.2.1　bq query コマンドのオプション 82

    4.2.2　BigQuery の割り当て 87

    4.2.3　BigQueryのセキュリティ 88

Chapter 5 **データ収集の自動化** 101

5.1 **Data Warehouseの構築** 102

    5.1.1　DWH構築の意義 104

    5.1.2　アーキテクチャの決定 105

5.2 **データソースとGCPの連携** 109

5.2.1	データソースからGCSへの連携	110
5.2.2	GCSからBigQueryへ	113
5.2.3	BigQuery Data Transfer Service	118

5.3 BigQuery内でデータをTransformする 119

5.3.1	ファイルフォーマット	120
5.3.2	Schema	121
5.3.3	クエリ	124
5.3.4	クレンジング	124
5.3.5	履歴テーブル作成	126
5.3.6	分析目的に沿ったテーブルの作成	127

5.4 ワークフローのオーケストレーション 128

5.4.1	Cloud Composerとは？	129
5.4.2	簡単なサンプルを動かして理解する	133
5.4.3	'Operation'を実現するOperator	142
5.4.4	DWH構築のためのDAGを作ろう	168
5.4.5	モニタリング	177
5.4.6	Composerのチューニング	182

Chapter 6 ストリーミング処理でのデータ収集　　197

6.1 ストリーミング要件の確認 198

6.2 アーキテクチャの検討 200

6.2.1	マスタとの結合をBigQueryで行うパターン	205
6.2.2	マスタとの結合をDataflowで行うパターン	205
6.2.3	アーキテクチャの比較	206

6.3 ストリーミングパイプラインの実装 207

6.3.1	リアルタイムデータのデータ収集	209
6.3.2	Dataflow SQLの実装	216
6.3.3	結果の確認	224

おわりに 230

人物紹介と
プロジェクト概要

システム開発プロジェクトは様々な要求が契機となり始まります。近年では自社や市場、社会のニーズに的確に応えるためクラウド導入を進める企業は年々増加しています。その中でも急激な成長と高い注目を集めるGCPを用いたクラウド開発を個性豊かな登場人物達と一緒に学んでいきましょう。

Chapter 1 人物紹介とプロジェクト概要

ビッグデータ活用プロジェクト始動！

「はあ……」

　まだ誰も出社していない早朝のフロアで私は大きな溜息をついた。女性マーケターを目指して趣味に関係した商品の販売会社に入社したのはほんの数ヶ月前。マーケティング部門に応募したはずが履歴書の自己PRに書いたちょっとしたITに対する意気込みを買われ、今は商品販売部門に配属され販売管理システムの運用保守をする毎日を送っていた。

「データを眺めるのは面白いけど——」

　ようやく使い慣れてきたアプリケーションにコマンドの実行を指示し読みかけの技術書を開いた。今日の仕事は「販売実績データから特定の条件でデータを抽出して欲しい」というマーケティング部門からの依頼の対応だが、近年のSNS戦略が功を奏したのか、取引される商品の種類や量が劇的に増えたことにより抽出までに一晩を要するようになってしまっていた。空き時間の合間に読む技術書も今月で2冊目で、この本もきっと今日中には読み終わってしまうだろう。

「データを見るだけで日を跨ぐなんて、流行りに乗り遅れそうでこの先心配ね」

　技術もファッションも変化の激しい現代で、1つの行動（アクション）に長い時間待たされる今の状況には正直なところ辟易するばかりだった。ちなみに、先ほど実行したコマンドに間違いがあり関係各所へ謝罪するはめになることはこの時の私はまだ知る由もない。

「クラウドのデータウェアハウス構築……ですか？」

　半開きの口を慌てて閉じて私は先輩に聞き返した。

「そう！　ずっと部長に提案していたクラウドにデータ分析基盤を開発する話がよう

やく承認されたの。早速明日から2人で取り掛かりましょう！」

意気揚々と答える先輩に一抹の不安を覚えたものの、クラウドというワードは今の停滞している現状には魅力的に聞こえた。

「そういえば他部署でクラウド活用が成功してるって社内報に書いてありましたね」

私は社内のイントラに大きく取り上げられた記事を思い出した。確かアプリケーション構築基盤にクラウドを採用したことで業務の効率化と費用削減に成功し、今ではシステムのほとんどをクラウド上で動かしているとかなんとか。

「そうなのよ！　だからうちの部も負けてられないと思ってね。それにこの件はあなたのキャリアパスにも関わる重要な案件だと思ってるの」

「私のキャリアパス……ですか？」

思ってもみなかった言葉に驚きを隠せず思わず私は目を見開いた。

「社内のビッグデータを使いこなせれば、あなたにも新しい道が開けるかもしれないのよ。様々な分析にも対応していてBIとも簡単に連携できるBigQueryというサービスがあるからこれから一緒に学んでいきましょう」

（新しい道？　BigQuery ？）

先輩からの矢継ぎ早の言葉に疑問符がいくつも頭の上に浮かんだものの、クラウドやビッグデータという今話題のテクノロジーに私は僅かに胸の高鳴りを覚えた。現場も自分もきっと良い方向に進んでいく。期待と不安は大きかったが不思議とそんな気がした。

「分からないことだらけですが、これから宜しくお願いします！」

分からないことは一旦頭の隅に置き、私は持ち前のプラス思考で大きく返事をした。こうして私と先輩のクラウドを活用したデータ分析基盤の開発がスタートしたのだった。

1.2 登場人物紹介

ここで本書の登場人物をご紹介します。

▼新人さん

新卒の新入社員。販売管理システムの運用保守チームに所属している。プログラミングの知識はないがデータベースやSQLの知識の基礎は身につけている。趣味はウィンドウショッピング。

▼先輩

入社6年目の28歳♀。Google技術が大好きでGCPも個人で使っているらしい。今回のクラウドによるデータ分析基盤の開発を提案した張本人。一番好きなGCPサービスはBigQuery。

▼部長

店舗の店長から本部の販売管理部門のトップにまで上り詰めた叩き上げ。社内に蓄積された大量のデータを上手く活用できていないことに兼ねてより不満を感じていたが、他部署でのクラウド活用を契機にクラウドでのデータ分析基盤の導入を決定。

　エンジニアとしての道を少しずつ歩もうとしていた新人さんの前に、突如としてクラウドという巨大な壁が立ち塞がりました。右も左もわからない彼女に果たしてクラウドのデータウェアハウスが使いこなせるのでしょうか？　これから彼女と一緒にGoogle Cloudのデータ分析基盤を学んでいきましょう！

Chapter 1 人物紹介とプロジェクト概要

1.3 データ分析の要件を決める

それじゃあまずは分析基盤の設計を始める前に、データを分析するための要件を決めましょう

要件といってもどのように進めれば良いのでしょうか？

まずはあなたがよく依頼されていたマーケティング部からのデータ抽出に使っていたデータと条件を洗い出しましょう。今回はスモールスタートで進める予定だから、必要最小限のデータだけを分析基盤で使用することにしましょう

はい、わかりました

先輩、対象データの洗い出しができたのでレビューをお願いします

お疲れ様。それじゃあ一緒に必要なデータを精査しましょう

レビュー実施

レビューありがとうございました。私の方でも必要なものだけピックアップしたつもりでしたがさらにシンプルになりましたね

そうね、その理由について簡単に説明するわ

▼ 関連システムと分析対象データ

- ◆ 販売管理基幹システム
  - 店舗・商品マスタ
    - ・商品データ
    - ・店舗データ
    - ・部門データ
  - ~~売上・仕入管理（今回の対象外とする）~~
    - ~~・売上明細~~
  - ~~在庫・出入庫管理（今回の対象外とする）~~
    - ~~・店舗毎の在庫情報~~

- ◆ POSシステム
  - 部門ID-POSデータ
    - ・売上日時
    - ・商品情報
    - ・売上個数
    - ・売上金額
    - ・店舗ID
    - ・会員ID
- ◆ ~~ECサイト（今回の対象外とする）~~
  - ~~アクセスログ~~
  - ~~会員情報~~

あなたがよく頼まれていた集計は店舗ごとに商品の売り上げの高い順に並べる所謂ABC分析だったから、分析対象をPOSデータと関連するマスタに限定したわ

売上明細ではなくPOSシステムからのデータを使うんですね

あなたも知っている通り、POSシステムからは日に2回データが送信されてその日の夜間に売上DBが更新されるんだけど、POSシステムから送られるデータを直接分析基盤に送ってしまえば売上明細の更新を待たずに集計作業が進められるし出力の手間も省けるわ

1.3 データ分析の要件を決める

▼ 図1-1：POSシステム売上データ連携

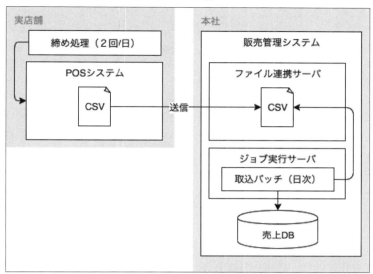

店舗の締め処理と売上DB更新までの時間差がよく問題視されてましたからね

できるだけ早く分析して迅速に意思決定することがビジネスチャンスの獲得に繋がるのよ

要件定義の段階から既に効率化に向けた取り組みは始まっているんですね

そういうこと。在庫情報やECサイトのログは抽出頻度も少ないようだから今回は対象から外したけど、検証が上手くいったら分析対象に含めるようにしましょう。それじゃあPOSデータの取込みバッチの内容は改めて確認しておいてね

はい、わかりました

Chapter 1 人物紹介とプロジェクト概要

データ分析の要件定義においても一般的なシステム開発の要件定義同様「5W1(2)H」※を洗い出し整理を行います。プロジェクトを進めるにあたって、物語の中では社内のエンジニアがある程度の裁量を持ってデータ分析基盤構築を進めていますが、データの提供元と活用先で部署や会社が異なる場合などは各ステークホルダーとの合意形成も必要となってきます。本書ではシステム開発の工程について詳しい解説は致しませんが、データ分析基盤を構築する上では結果を見るまで真の要件が定まりにくいという性質上、最初から完璧を目指さずに対象データのスコープは広げすぎず、小さく作り大きく育てる方針とすると良いでしょう。

分析基盤の構築において既存からの移行と新規構築では要求や要件は異なりますが、BigQueryには自社リソースでは実現が難しいような可用性や性能・拡張性などの仕様が備わっているため、どちらの場合においてもコストを抑えつつ要件に見合ったデータ分析基盤を構築することができます。

但し、他のクラウドサービスにも言えることですが、クラウドコンピューティングはその性質上リソースは仮想的な共有リソースであるため、ユーザが無制限にそのリソースを使えるわけではありません。

使用できるリソースの割り当て量や制限事項はできる限り事前に確認しておきましょう。GCPでは公式ドキュメントの[割り当てと上限]やコンソールの[IAMと管理]>[割り当て]からリソースの上限をブラウザで確認できます。

また、可用性要件でシステムの稼働率を厳密に定義する場合は、利用想定の各サービスのSLA(サービスレベル契約)をよく理解しておくことも重要です。

SLAとはサービス事業者が提供するサービスの品質水準を利用者と合意するための文書であり、クラウドではサービスの稼働率として明示されます。

稼働率は絶対に約束されるものではないので、水準を下回った場合は利用者が何らかの形で補償を受けることになります。

GCPの場合は支払ったサブスクリプション料金の返金や無料期間の追加などが補償として受けられる場合があります。

但し、α版やβ版のサービスや機能にはSLAが設定されていない場合が多いので注意が必要です。

ちなみに、執筆時点のBigQueryのSLAに記載されている稼働率は99.9%です。

GCPにおいてダウンタイムやダウンタイム期間の定義はサービスによって異なるので各サービスのSLAを参照してください。

※5W1H：who (誰が) when (いつ) where (どこで) why (なぜ) what (何を) how (どのように)。 5W2Hの場合はhow much(いくらで)

BigQueryによる
データ分析

　分析の対象となるデータを決めたら早速BigQueryを使ってみましょう。SaaS型のフルマネージドサービスであるBigQueryはすぐにでも分析作業を始めることができます。各種サービスと組み合わせることで手軽にビッグデータをBigQueryにインポートでき、分析結果をグラフィカルに可視化できます。

Chapter 2 BigQueryによるデータ分析

2.1 BigQueryを使ってみよう

GCPプロジェクトは使えるようになった？

はい。BigQueryのコンソール画面もシンプルで今使っているDB管理ツールと比べてもそれほど違和感はありませんね

そうね。BigQueryはサーバレスアーキテクチャ※だからデータを追加するだけですぐにでもビッグデータの分析を始められるのよ。一般に公開されているフリーのデータもあるからどんなものがあるか調べておくと良いかもね。但し……

ただし？

BigQueryはクエリで処理されたデータの合計容量で料金が決まるんだけど、一般公開されているデータセットはどれもビッグデータだから扱いには注意してね。ウェブUIでクエリを入力すると読み取られるデータ容量が確認できるから実行前には必ず確認するように！

そ、そうなんですね……気をつけます

まあ念のため私の方で1日に処理できるクエリデータ量の上限は設定してあるから万が一はないようにしているわ

BigQueryにはそういう仕組みもあるんですね

2.1 BigQueryを使ってみよう

確かにBigQueryのクエリ費用は気をつけなきゃいけないこともあるけど、毎月1TBが無料で利用できるからこのプロジェクトでは毎月使い切るくらい使っていきましょう！

はい！

※サーバレスアーキテクチャ：インフラリソースのキャパシティや維持管理を意識する必要がないアーキテクチャのこと

2.1.1 BigQueryのコンソール画面

まずはBigQueryのコンソール画面を開いてみましょう。
GCPのコンソール画面のナビゲーションパネルから、ビッグデータの区分にあるBigQueryを選択します。

▼ 図2-1：GCPのコンソール画面

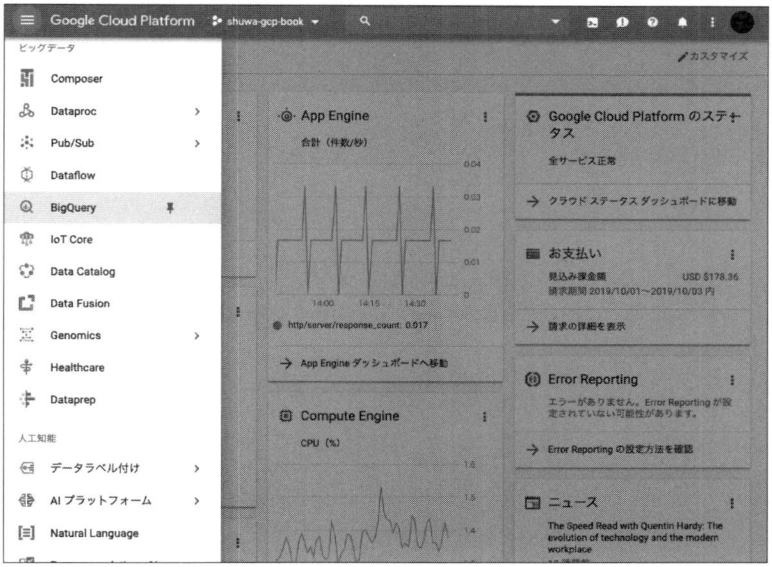

BigQueryのコンソール画面の左側にはナビゲーションパネルがあります。各種機能へのリンクや、リソースとしてプロジェクトが並びます。
右側中央にはリソースに合わせた詳細パネルが表示されます。例えばリソースでプロジェクトを選択した状態にすると、データセットの作成やプロジェクトの操作が並びます。データセットを選択した状態にすると、テーブルの作成やデータセットの操

作が並びます。

▼ 図2-2：BigQueryのコンソール画面

プロジェクトを選択した状態で、詳細パネルにある「プロジェクトの固定」をクリックしておくと、プロジェクトを切り替えてもリソースに表示し続けます。複数のプロジェクトを一覧で見ることができるので、プロジェクト切り替えの手間が省けます。

クエリエディタでは、SQLクエリを入力して実行ボタンを押すと下側に結果が表示されます。

一般公開データセットと呼ばれる、Googleが公開データを保存していて利用者がすぐにデータ分析できる環境が用意されています。

試しに以下のSQLをクエリエディタに入力して実行し、その結果を見てみましょう。使用するデータは、2016年ポストシーズンのMLB（メジャーリーグベースボール）のピッチごとのデータです。

```
SELECT
  pitchTypeDescription,
  COUNT(*) AS count
FROM
  `bigquery-public-data.baseball.games_post_wide`
GROUP BY
  pitchTypeDescription
ORDER BY
  count DESC
```

▼ 図2-3：クエリ結果

　クエリ結果の画面から、BigQueryのクエリ実行に関する以下の情報が読み取れます。

▼ 表2-1：クエリ結果に表示される情報

スキャン対象データ量(予測値)	76.8KB
スキャン対象データ量(実績値)	76.8KB
処理時間	0.9秒
件数	11件

　このクエリ結果をファイル保存したり、後述するデータポータルというサービスで開くことができます。
　保存先には以下を選択できます。

- BigQueryテーブル
- Googleスプレッドシート
- Googleドライブ
- ローカルにダウンロード
- クリップボードにコピー

　クエリ結果をBigQueryテーブルに保存し、そのテーブルから更にクエリを実行して別のBigQueryテーブルに保存する、といった操作は良く使いますので、慣れておきましょう。

▼ 図2-4：クエリ結果の保存

　ナビゲーションパネルの「クエリ履歴」では、自分とプロジェクト全体でのクエリ履歴を参照できます。
　以前実行したクエリなら、ここから探して「クエリをエディタで開く」をクリックすることで再利用できます。

▼ 図2-5：クエリ履歴

　クエリ履歴は、一定期間(6ヶ月)および一定件数(1,000エントリ)を超えると履歴か

ら消えていきます。もし消えてほしくないクエリや定期的に履歴から探して実行したいクエリがあるなら、「クエリを保存」で名前を付けて保存しておくと便利です。

保存したクエリは、リンク共有をオンにするとURLで共有できますし、プロジェクト単位で共有する機能もあるので、複数人で共用するクエリを保存しておくと便利です。

▼ **図2-6：クエリの保存**

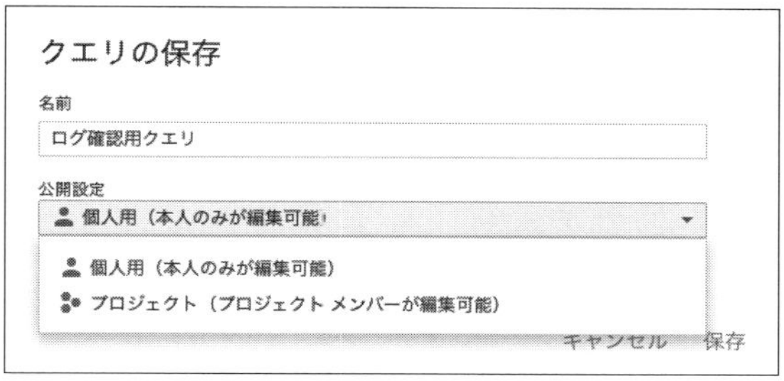

```
クエリの保存

名前
ログ確認用クエリ

公開設定
👤 個人用（本人のみが編集可能）                              ▼

   👤 個人用（本人のみが編集可能）
   👥 プロジェクト（プロジェクト メンバーが編集可能）

                                        キャンセル    保存
```

あくまで補助機能ですので、誤操作で消えたら困るような大事なクエリは別途ファイルにしてバージョン管理しましょう。

2.1.2 クエリ可能なデータ量の上限を設定

BigQueryは利用量に応じて費用を支払うことで利用できるサービスです。

費用の考え方については後述しますが、異常な利用量にならないように制限できる仕組みがありますので紹介します。

GCPには割り当て（Quota）という設定があり、プロジェクトで使用できるGCPリソースの上限が設定されています。

これはユーザが意図せず膨大なリソースを使ってしまうようなミスの影響を軽減できます。また、Googleのリソースをユーザで共用するサービスの場合に、あるユーザのミスが他のユーザのサービス利用に多大な悪影響を与えないようにする目的もあります。

割り当てのうち、BigQueryでクエリするデータ量に関する設定ついては以下のとおりです。

- Query usage /日
- Query usage /日 /ユーザ

デフォルトでは上限が無制限になっています。

個人で試験的に利用しているGCP環境であれば、例えば「1TB/日」で設定しておくと、

USリージョン換算で$5の辺りで上限となるので安心して使えます。

　上限にぶつかるような利用状況になったら、状況を見て少しずつ割り当てを引き上げていくのがオススメです。

　本番環境や検証環境は、上限にぶつかってから上げるか、試算して上げるかは状況に応じて使い分けてください。検証環境は性能テスト、本番環境は突発的な高負荷の時に注意が必要です。

▼ 図2-7：BigQuery APIに関する割り当て

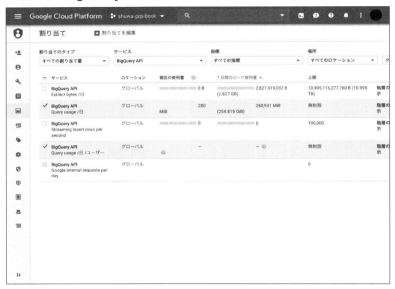

2.2 データの読み込み

Chapter 2 BigQueryによるデータ分析

先輩、店舗マスタと商品マスタを出力するバッチの設計書ができました

どれどれ……って設計書に文字エンコードの記載がないようだけれど、この出力ファイルはどんな形式でエンコードするの?

あ、すみません、記載が漏れていました。……えっと、データベースの文字エンコードのままの想定でしたのでEUC-JPですね

CSVファイルをBigQueryにインポートするためにはUTF-8に変換しておく必要があるからエンコード処理も追加しておいて

そうなんですね。わかりました

私の方はジョブ管理システムの設定とBigQueryのテーブル設計書を作成したわ

今回のデータのフォーマットはCSVですけどBigQueryは他のフォーマットにも対応しているんですか?

POSシステムから送られるデータのフォーマットがCSVだったから今回はそれに合わせることにしたけど、BigQueryはCSVの他にもJSONやAvro、Parquet、ORCにも対応しているわ

色々な形式があるみたいですがオススメとかあるんでしょうか？

BigQueryに読み込ませるならAvro形式が最も適しているわね。Avroならデータ型も自動で変換されるから型を指定する必要もなくなるわ

今設計書に書いているBigQueryのデータ型とのマッピングが不要になるのは良いですね

とはいえ大抵の場合データはCSVで送られてくることが多いから、Avroは初めからBigQueryとの連携を想定したシステムや、どうしてもロードのパフォーマンスを改善する必要が出た時に検討することになる形式かしらね

データ連携は既存の構成に左右されてしまいますからね

そうね。でも、初めから諦めてしまわずに効率の良い方法を積極的に提案していくことも大事かもしれないわね

2.2.1 データの準備

　BigQueryへデータを読み込む際、ファイルから読み込む場合はファイルをGCS、ローカルPC（アップロードするファイルのサイズに上限があります）、Googleドライブのいずれかに置きます。
　ファイル形式はCSV（カンマ区切り、タブ区切りなど）、JSON（改行区切り）、Avro、Parquet、ORCに対応しています。
　エンコードはUTF-8です。ISO-8859-1形式も指定可能ですが、内部でUTF-8へ変換

されます。

CSV形式の場合、ヘッダ行数の指定、引用符の指定、引用符で囲まれた改行文字の許可、フィールド区切り文字の指定、nullの代替値、列が欠けた行の扱い、といったオプションが用意されています。

ただ、これらのオプションを駆使しても取り込めるファイル形式には限界があり、事前に加工が必要となる場合もあります。

今回用意するファイルは以下の形式に従うものとします。

▼ 表2-2：用意するファイルの形式

ファイル形式	CSV（カンマ区切り）
エンコード	UTF-8
圧縮	なし
ヘッダ行	あり、1行目
引用符	文字列はダブルクォートで囲う
文字列内のダブルクォート	ダブルクォート2つ

まずは基本操作として、データセットとテーブルを作成してみましょう。

2.2.2 データセットの作成

データセットとは、BigQueryの中でテーブル、ビュー、ファンクションといったリソースをグルーピングして管理するための機能です。データセットは必ず1つのプロジェクトに属します。

BigQueryのコンソール画面で、左側のナビゲーションパネルにあるプロジェクト名をクリックし、詳細パネルで「データセットを作成」をクリックします。

以下の設定値を入力し、「データセットを作成」をクリックします。

▼ 表2-3：データセット作成時の設定

データセットID	import
データのロケーション	デフォルト
デフォルトのテーブルの有効期限	無制限

これで、データセットが作成されました。

ナビゲーションパネルでデータセットを選択し、データセットの情報を見てみましょう。

この画面上では、作成日時やデータのロケーションといったデータセットの詳細が確認できます。また、説明、ラベル、デフォルトのテーブルの有効期限を編集できます。

▼ 図2-8：データセットの詳細

　説明にはデータセット名の日本語版（例えば「インポート領域」、「一時領域」など）を付けると、初めてデータセットを見る人にもデータセットの役割が伝わりやすいでしょう。
　ラベルにはKey-Value形式で値を設定できます。開発環境や本番環境といった環境情報を付けたり、データセットの数が増えたときのために分類を付けておくと、リソースの検索枠でラベル単位で絞り込みできるので便利です。
　デフォルトのテーブルの有効期限は、設定以降このデータセットに作成された新しいテーブルについて、指定した日数が経過すると自動で削除されるように期限を設定します。例えば一時作業用のデータセットや、社内へ展開する際に自由にテーブルを作成していいデータセットに設定しておくと、不要になったテーブルや誰が作ったか分からないテーブルを自動で掃除できます。
　データを蓄積していく目的のデータセットで有効期限を設定すると、例えば作成されてから3年が経ったテーブルを自動削除するような機能をBigQueryだけで実現できます。一方、意識せずにデータが消えていくのは怖いので明示的に消すべきという考え方もありますので、検討の上で設定してください。
　画面にも注意書きが表示されていますが、設定を変更しても既存のテーブルには影響しませんのでご注意ください。設定以降に作成したテーブルのみに有効です。

> **Column　データセットのロケーション**
>
> 　ロケーションとは、データを保存する地理的な場所のことです。
> 　ロサンゼルス（us-west2）や東京（asia-northeast1）といった特定の地理的な場所を指定する「リージョン」と、USやEUといった2つ以上の地理的な場所を含むエリアを指定する「マルチリージョン」があります。
> 　データセットを作成した後で、そのロケーションを変更することはできません。

変更したい場合は、変更したいロケーションで新たにデータセットを作成し、データセットをコピーする機能(執筆時点ではベータ版)を使ってリソースを移行します。

また、1つのクエリは必ず同じロケーションにあるテーブルを参照する必要があります。

基本的には、USマルチリージョンをデフォルトとして検討することをオススメします。会社のクラウド利用方針として日本国内にデータを置く必要がある場合や、USと日本のレイテンシの差が気になるほどの要件がある場合には、日本にあるリージョン(東京、大阪)も検討します。

また、USマルチリージョン以外のロケーションを選択する場合は、BigQueryの様々な操作を行う際に明示的にロケーションを指定する必要があります。公式ドキュメントには以下の記載があります。

▼ ロケーションの指定

> BigQuery は、データの読み込み、データのクエリ、またはデータのエクスポートを行うときに、リクエストで参照されるデータセットに基づいてジョブを実行するロケーションを決定します。たとえば、クエリが asia-northeast1 リージョンに格納されたデータセット内のテーブルを参照する場合、クエリジョブはそのリージョンで実行されます。クエリがデータセット内に含まれるテーブルやその他のリソースを参照せず、宛先テーブルが指定されていない場合、クエリジョブはプロジェクトで定額料金用に予約されているロケーションで実行されます。プロジェクトに定額料金の予約がない場合、ジョブは US リージョンで実行されます。複数の定額料金の予約がプロジェクトに関連付けられている場合は、予約されているロケーションの中で最も多くのスロットが存在するロケーションでジョブが実行されます。
> (https://cloud.google.com/bigquery/docs/locations?hl=ja#specifying_your_location より引用)

定額料金の契約がない場合(大半のユーザはこちらでしょう)で、対象のジョブが存在しないというメッセージが出る場合は、意図せずUSマルチリージョンを参照している可能性があります。

例えば、東京リージョンで実行したジョブの結果を見る際に、単にジョブIDを指定して実行してもNot Foundとなってしまいます。

```
bq show -j [ジョブID]

BigQuery error in show operation: Not found: Job
[project-id]:bqjob_以下略
```

ジョブの結果を見るには、ロケーションの指定を加えて実行する必要があります。

Chapter 2 BigQuery によるデータ分析

```
bq show --location asia-northeast1 -j [ジョブID]

Job [project-id]:bqjob_以下略

 Job Type    State      Start Time        Duration           User
Email                Bytes Processed  Bytes Billed   Billing Tier   Labels
 ----------  ---------  ----------------  ----------------  ----------------
----------------  ----------------  --------------  --------------  ------
--
 load        SUCCESS    30 Sep 19:11:30   0:00:03.929000    tatsuhiko.
suzuki@topgate.co.jp
```

　この辺りはUSマルチリージョン以外を使っている方からの要望も多いでしょうから今後改善されるかもしれませんが、考え方は認識しておいたほうが良いでしょう。

※bqコマンドについては後述します。

2.2.3 テーブルの作成

　テーブルには行と列で定義されたデータを格納します。
　各列は列名、データ型、NULL可否、説明で構成されます。

　テーブルは、データのない空テーブルとしても作れますし、データの読み込み結果を使っても作成できます。
　ここでは、売上POSデータが入ったCSVファイルからテーブルを作成してみましょう。

▼ 表2-4：売上POSデータのCSVファイル

sales_number	sales_datetime	store_code	customer_code	item_code	sales_price	...
1625	2019/07/22 12:34:56	26217	2728336234	521097506	1650	...
2645	2019/07/23 8:07:21	26217	2728336234	1056014885	3300	...
3134	...	...	...	...	...	...

　BigQueryのコンソール画面で、先ほど作成したimportデータセットをクリックし、詳細パネルにある「テーブルを作成」をクリックします。

　以下の設定値を入力し、「テーブルを作成」をクリックします。

▼ 表2-5：テーブル作成時の設定

ソース	アップロード
ファイルを選択	（参照からファイルを選択）
ファイル形式	CSV
プロジェクト名	（デフォルト）
データセット名	import
テーブル名	sales
スキーマ　自動検出	チェックを入れる
パーティショニング	パーティショニングなし
書き込み設定	空の場合に書き込む
許可されているエラー数	0
不明な値を無視する	チェックを入れない
フィールド区切り文字	カンマ
スキップするヘッダ行	1
引用符で囲まれた改行を許可する	チェックを入れない
ジャグ行を許可する	チェックを入れない
暗号化	Googleが管理する鍵

これで、salesテーブルが作成されました。

スキーマの自動検出を有効にしたので、データ内の一部の行を見て型を判断して設定してくれています。

▼ 図2-9：salesテーブルのスキーマ定義

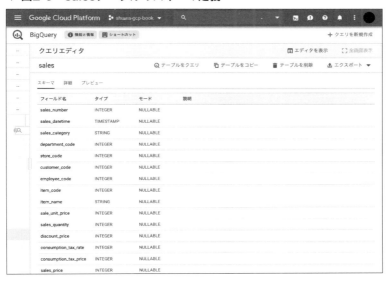

> **Column** モード
>
> 　列のNULL可否はフィールドごとに設定するモードで表します。デフォルトはNULL値を許可するNULLABLEです。
> 　NULL値を許可しないREQUIREDというモードもあり、これはテーブル作成時にスキーマを明示的に指定することで設定できます。

　テーブルのサイズ、行数、データのロケーションが確認できます。
　データセットの画面と同様に、この画面でテーブルに対しても説明、ラベル、テーブルの有効期限が設定できます。

▼ 図2-10：salesテーブルの詳細

　salesテーブルを検索するSELECTクエリを実行せずに、プレビュー画面でテーブルのデータを確認できます。プレビュー画面で見る場合はクエリ料金がかかりません。

▼ 図2-11：salesテーブルのプレビュー

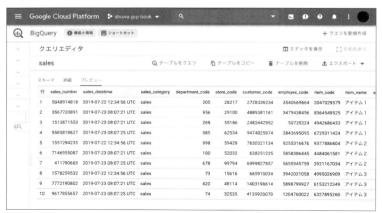

Chapter 2 BigQueryによるデータ分析

2.3 データの加工

BigQueryへの読み込み処理もできましたし、いよいよ分析基盤の構築は大詰めですね

何言ってるの！　まだまだBigQueryでやっておくべきことはあるわよ

そうなんですか？

今までのデータ分析基盤はデータ容量に限りがあってあまり贅沢な使い方ができなかったけど、今回はクラウドのデータ分析基盤なんだからもっとクラウドのメリットを活用しなくちゃ

……というと？

新しいバッチとして、データを読み込んだ後にさらにデータを変換した中間テーブルを作る処理を作っておきましょう。これで集計処理にかかる計算量を大幅に節約することができるはずよ

なるほど！　BigQueryで事前に分析しやすい加工したテーブルを作ってしまえばさらに早く分析結果を得ることができるようになるってことですね

オンプレミス環境のような有限なデータベースだと潤沢にリソースを使えないからテーブルを動的に作成することが難しかったけど、クラウドならリソース不足に頭を悩まされることはないわ

今はバッチの実行時刻やストレージ容量に制約が多いですからね……。データの加工ツールとしても活用できるなんてBigQueryの凄さがわかってきた気がします

そうでしょう？　それにBigQueryはテーブル内のデータが90日間編集されていなければそのテーブルのストレージ料金は50%近く自動で値引きされるから、保管のコストも比較的安く済むわ

データを保管するためのストレージと分析のための計算リソースをどちらも気にしなくて良いのはとても助かりますね

もちろんコストパフォーマンスを最大化するためには意識しなければいけないこともあるけど、自分たちで運用するよりも圧倒的にコストパフォーマンスが優れていることは確かね

　BigQueryへ取り込んだデータの加工は、SELECTクエリを実行し、結果を新たなテーブルとして保存することで実現します。
　新たなテーブルとして保存する方法はDestination Tableを指定する方法と、CREATE TABLE AS SELECTクエリを実行する方法があります。
　ここではDestination Tableを指定して結果をテーブルに保存します。

　加工内容としては、コードに対する名称や、部門に対する事業部情報といった、分析に必要なマスタ情報を付与します。

2.3 データの加工

> **Column** 実際のデータ加工
> --
> 　実際に皆さんが扱うデータでは、他にも様々な加工が必要になることもあるでしょう。例えば、カラム名の変更、不要なカラムの削除、計算結果カラムの追加、コード値の変換、不正な値のクレンジング等です。
> 　カラムの追加、変更、削除であれば机上でおおよそ整理できます。
> 　値の加工はデータを見ながら改善していく地道な作業となりますが、大事な工程です。

マスタ情報も同様にテーブル作成済みの状態とし、以下のクエリを入力します。

```
SELECT
  sales_number,
  -- TIMESTAMP(投入した値はJSTのデータ)からDATETIMEへ変換
  DATETIME(sales_datetime) AS sales_datetime,
  sales_category,
  division.division_code,
  division.division_name,
  sales.department_code,
  department.department_name,
  store_code,
  sales.customer_code,
  customer.birthday,
  customer.sex,
  customer.zip_code,
  employee_code,
  item_code,
  item_name,
  sale_unit_price,
  sales_quantity,
  discount_price,
  consumption_tax_rate,
  consumption_tax_price,
  sales_price,
  remarks
FROM
  `import.sales` sales
LEFT JOIN
  `import.department` department
ON
  sales.department_code = department.department_code
LEFT JOIN
  `import.division` division
```

```
ON
  department.division_code = division.division_code
LEFT JOIN
  `import.customer` customer
ON
  sales.customer_code = customer.customer_code
```

次に、クエリ結果の宛先テーブルを設定します。

「展開」→「クエリの設定」をクリックします。

2.2.2 データセットの作成で作成した手順と同様に、データセット「dwh」を作成しておきます。その上で、以下のパラメータで設定します。

送信先を「クエリ結果の宛先テーブルを設定する」に切り替えると、プロジェクト名、データセット名、テーブル名、オプションが設定できるようになります。

▼ **表2-6：クエリの設定**

クエリエンジン	BigQuery エンジン
送信先	クエリ結果の宛先テーブルを設定する
データセット名	dwh
テーブル名	sales
宛先テーブルの書き込み設定	空の場合に書き込む
大容量の結果を許可する(サイズ上限なし)	チェックなし

「大容量の結果を許可する」は通常使う標準SQLなら関係ありませんので無視してください。レガシー SQLでは、大容量の結果を保存する際にチェックを付ける必要があります。

Column 標準SQLとレガシー SQL

当初のBigQuery は、BigQuery SQL という非標準 SQL 言語を使用してクエリを実行していました。BigQuery 2.0 のリリースに伴って標準 SQL のサポートが開始され、BigQuery SQL はレガシー SQL と改名されました。

これからBigQueryを利用し始める方は、標準 SQL を使用しましょう。

互換性のため、公式ドキュメントはレガシー SQL用と標準SQLの2つが存在していますので、ドキュメントを読む際には注意が必要です。関数やデータ型がエラーで使えないと思ったらレガシー SQL用だった、という話はBigQueryを始めたての人が良くやってしまうミスです。タイトルに「標準SQL」と入っているか、URLに「standard-sql」と入っているかを確認してください。

本書は標準SQLを前提としています。

クエリ結果をdwhデータセットのsalesテーブルに保存します。これで分析に使うテーブルが作成できました。

▼ 図2-12：dwh.salesテーブルのプレビュー

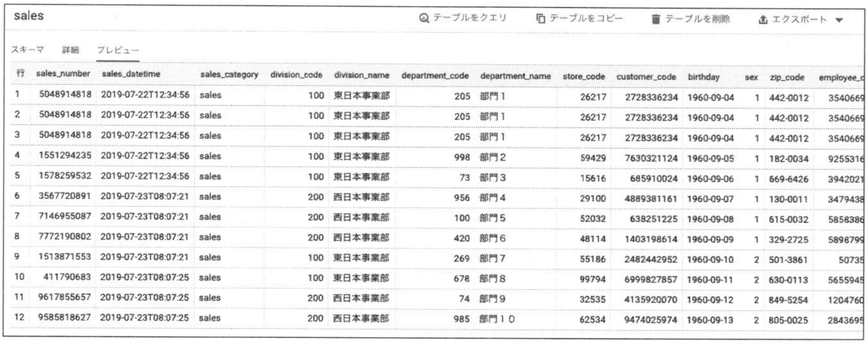

sales　テーブルをクエリ　テーブルをコピー　テーブルを削除　エクスポート

スキーマ　詳細　プレビュー

行	sales_number	sales_datetime	sales_category	division_code	division_name	department_code	department_name	store_code	customer_code	birthday	sex	zip_code	employee_c
1	5048914818	2019-07-22T12:34:56	sales	100	東日本事業部	205	部門１	26217	2728336234	1960-09-04	1	442-0012	3540669
2	5048914818	2019-07-22T12:34:56	sales	100	東日本事業部	205	部門１	26217	2728336234	1960-09-04	1	442-0012	3540669
3	5048914818	2019-07-22T12:34:56	sales	100	東日本事業部	205	部門１	26217	2728336234	1960-09-04	1	442-0012	3540669
4	1551294235	2019-07-22T12:34:56	sales	100	東日本事業部	998	部門２	59429	7630321124	1960-09-05	1	182-0034	9255316
5	1578259532	2019-07-22T12:34:56	sales	100	東日本事業部	73	部門３	15616	685910024	1960-09-06	1	669-6426	3942021
6	3567720891	2019-07-23T08:07:21	sales	200	西日本事業部	956	部門４	29100	4889381161	1960-09-07	1	130-0011	3479438
7	7146955087	2019-07-23T08:07:21	sales	200	西日本事業部	100	部門５	52032	638251225	1960-09-08	1	615-0032	5858386
8	7772190802	2019-07-23T08:07:21	sales	200	西日本事業部	420	部門６	48114	1403198614	1960-09-09	1	329-2725	5898799
9	1513871553	2019-07-23T08:07:21	sales	100	東日本事業部	269	部門７	55186	2482442952	1960-09-10	2	501-3861	50735
10	411790683	2019-07-23T08:07:25	sales	100	東日本事業部	678	部門８	99794	6999827857	1960-09-11	2	630-0113	5655945
11	9617855657	2019-07-23T08:07:25	sales	200	西日本事業部	74	部門９	32535	4135920070	1960-09-12	2	849-5254	1204760
12	9585818627	2019-07-23T08:07:25	sales	200	西日本事業部	985	部門１０	62534	9474025974	1960-09-13	2	805-0025	2843695

Column **プロジェクトIDにハイフンを含む場合の注意点**

2.1　BigQueryを使ってみようで実行したSQLは、「プロジェクトID.データセット名.テーブル名」をバッククォートで囲んでいます。

これは、ハイフンが入っているプロジェクトIDを含めてテーブル名を指定する際に、その文字列をバッククォートで囲む必要があるためです。

囲む範囲は、プロジェクトIDのみでも、データセット名やテーブル名まで範囲を広げても構いません。

Chapter 2 BigQueryによるデータ分析

2.4 データの可視化

作ってもらった現行の業務フロー図なんだけど、マーケティング部がデータをグラフ化している部分、具体的に何を使っているか聞いてる？

ExcelにCSVを読み込ませてグラフ化しているそうです

そうなのね。資料上でもわかるようにしておいてね

はい、わかりました

あと新しい業務フローも作ってもらっているところだけれど、どのような可視化を想定しているの？

社内のグループウェアがG Suiteに変わったので、Google スプレッドシートのGAS※でBigQuery APIを操作してグラフを描画できないかなと思っています

それなら新しく発表されたスプレッドシートの新機能、BigQueryコネクタを検討した方が良いかもしれないわね。あ、でもその前にデータの可視化と言えばGoogle データポータルは調べてみた？

データポータルですか？ すみません、初めて知りました

Googleのマーケティングプラットフォームには BigQuery に限らず様々なデータソースに接続できて、視覚化したデータの共有や共同編集までできてしまうデータポータルというツールがあって、しかも無料で使用できるのよ

凄い！ GCPを使えばGoogleのマーケティング機能とも簡単に連動できるんですね

そこがGCPの大きな強みでもあるのよ

※GAS：Google Apps Scriptの略称でExcel VBAのように自動化プログラムをJavaScriptで記述できる仕組み

2.4.1 データポータルとの接続

データの可視化にはデータポータルが便利です。

BigQueryのコンソール画面には、クエリ結果やテーブルをデータポータル上で開けるリンクがあります。

dwh.salesテーブルを開き、エクスポートから「データポータルで調べる」をクリックします。

▼ 図2-13：データポータルで調べる

データポータルは、読み取りや共有が簡単で柔軟にカスタマイズできる有益なダッシュボードやレポートを作成できます。

▼ 図2-14：データポータルのエクスプローラ

画面右上では、グラフの種類を切り替えます。

画面右下では、ディメンションと指標をドラッグ＆ドロップやクリックで設定できます。

グラフを作成したら、上側にある「保存」をクリックします。その後、「共有」をクリックすると、レポート作成画面に切り替わります。

▼ 図2-15：データポータルのレポート

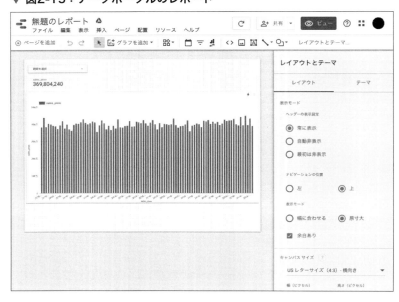

レポートを共有するには上側にある「共有」をクリックします。
権限には編集権限をつけるかどうかで2種類用意されています。

▼ 図2-16：データポータルのレポートの共有

2.4.2 Googleスプレッドシートとの接続

可視化という点では、Googleスプレッドシート（以下、スプレッドシート）も役立ちます。

スプレッドシートとは、Webブラウザ上で利用できる表計算サービスです。

▼ 図2-17：スプレッドシートのイメージ

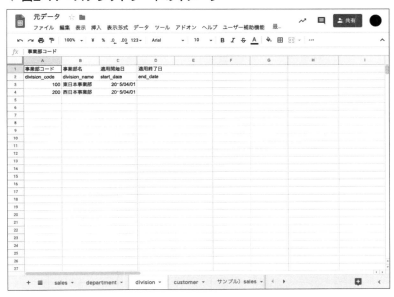

いろいろな機能がありますが、特に便利な点を挙げます。

- 保存操作をしなくても、編集したら自動で数秒後に保存される
- 複数人で同時にデータを操作でき、今選択してるセルや編集中のセルも色と名

前で分かる
- ブック、シート、セル、セル範囲といった単位でURLが取得できるので、メールやチャットにURLを貼って共有できる（例えば、〇〇シートの△行目□列を見てくださいと言ったり探したりせず、一発で対象箇所に飛べる）
- 単純なExcelファイルであればそのままスプレッドシートで開くことができ、編集や保存もできる（オブジェクトはレイアウトが崩れることもある）
- スプレッドシートからBigQueryへSQLを発行し、結果をシート化できる（1クリックでデータを再取得する機能もある）
- BigQueryからスプレッドシートに対してクエリできる（後述）

ここではスプレッドシートからBigQueryへSQLを発行できるデータコネクタという機能を紹介します。

BigQuery向けデータコネクタ（Sheets data connector for BigQuery）はG Suiteを契約しているGoogleアカウントで利用できます。利用できるエディションは以下のとおりです。Basicでは利用できませんのでご注意ください。

- G Suite Business
- G Suite Enterprise
- G Suite for Education

それではdwh.salesテーブルを読み込んでみましょう。

メニューのデータからデータコネクタ、BigQueryに接続をクリックします。

▼ 図2-18：データコネクタのメニュー

請求先プロジェクトとして、現在使っているプロジェクトを選択し、クエリ入力ボタンをクリックします。

BigQuery クエリエディタが開くので、以下のクエリを入力して「結果を挿入」をクリックします。

```
SELECT * FROM dwh.sales
```

新たにデータシートが作成され、データがシートに入力された状態になりました。

▼ **図2-19：データコネクタで作成したデータシート**

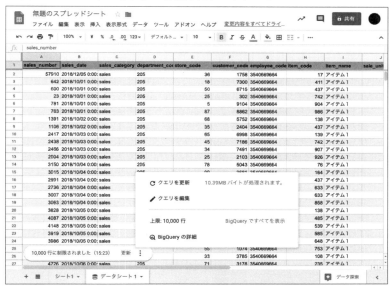

あとはグラフのデータ範囲にこのシートを使うことで、表計算ツールの操作感で可視化作業ができます。

一度データシートを作ってしまえば、BigQueryに慣れていない人でもこのスプレッドシートで可視化や分析作業ができるので、より多くの人にBigQuery上のデータを活用してもらえるようになります。

▼図2-20：データシートを使ったグラフ作成

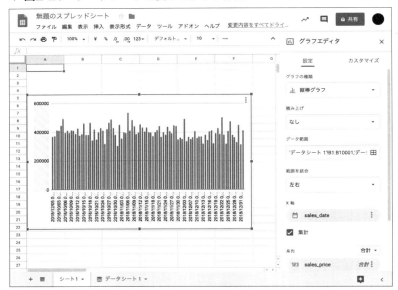

　注意点として、執筆時点では最大10,000行までしか読み込めないように制限されています。実利用の際は、集計処理も含めたクエリで実行する必要があります。

　また、今後は最大100億行のデータを操作できるようになるConnected Sheetsという機能がGoogle Cloud Next '19で発表されましたので、より幅広い用途で使えるようになるでしょう。

2.5 その他のデータの読み込み方法

先輩、先月分のデータ投入が終わりました

ありがとう。それじゃあ次は一気に過去5年分のデータを投入してみましょうか

ご、5年分ですか？

そうだけど、どうかした？

5年分ということはファイルもかなりの数をロードするんですよね……

もしかして手動でやろうとしているの？……そういえばWebUIしか使っているところを見せていなかったわね。BigQueryは専用のコマンドラインツールも用意されているからコマンドからデータのロードも含めてBigQueryの様々な操作を行うことができるわ

そうなんですね。良かったあ

むしろWebUIでは使用できない機能やオプションがあるからコマンドラインツールの利用をオススメするわ

コマンド操作は苦手意識があったんですが、これを機に慣れていくようにします

作業を効率化するためにもその方が良いわね。でも、WebUIでやってくれたクエリ実行前のデータ容量の確認は、クエリ実行コマンドで --dry-run フラグを使用することになるから忘れないようにね

はい、気をつけます

コマンドラインツールには多くの機能があるから一度公式ドキュメントのリファレンスを眺めておくと何かの時に助けになるかもしれないわ

BigQueryの全体像を知るにも役に立ちそうですね

2.5.1 bqコマンド

BigQueryにはコマンドラインから操作できるよう、コマンドラインツール「bq」が用意されています。

bqコマンドはGCPのCloud SDKをインストールすると利用可能になります。

コマンドの実行環境としてCloud Shellを使う場合は、既にインストール済になっており、すぐ使うことが出来ます。Cloud ShellとはGCP上で使えるシェル環境です。

GCPコンソールの右上のメニューからCloud Shellを開き、bqコマンドが使えることを確認してみましょう。

▼ 図2-21：Cloud Shellの起動

```
$ bq help
Python script for interacting with BigQuery.

USAGE: bq [--global_flags] <command> [--command_flags] [args]

Any of the following commands:
  cancel, cp, extract, head, help, init, insert, load, ls, mk, mkdef,
  partition, query, rm, shell, show, update, version, wait
```

　<command>の中でも、まずはload、mk、query、rmといった辺りは、一括で作業する際に知っておくと便利でしょう。

　なお、bq queryコマンドは執筆時点ではレガシーSQLがデフォルトなので、オプションに--use_legacy_sql=falseを付けて標準SQLを指定します。

2.5.2 Google Cloud Storage

　Google Cloud Storage（GCS）は高い性能、信頼性、手頃な料金体系で、あらゆるストレージ要件に対応したストレージサービスです。

　BigQueryとの組み合わせとしては、以下が挙げられます。

- BigQueryへ読み込むデータの入力元
- BigQueryのデータの出力先
- BigQueryのSQLクエリでGCSのファイルを直接クエリ

　GCSを利用する際には、「バケット」という、ファイルを格納する入れ物を作成します。その中にファイルを入れるイメージです。バケットは必ず1つのプロジェクトに属します。

　GCS上のファイルパスを指定する場合は、

gs://[バケット名]/[フォルダ名]（省略可、複数階層可）/[ファイル名]

という書き方のルールに従います。

> **Column** **GCSのバケットのロケーション**
>
> 　GCSからBigQueryに読み込む際は、GCSのバケットとBigQueryのデータセットのリージョンに注意が必要です。
>
> 　バケットのリージョンとデータセットのリージョンが合わない状態ではロードできません。

Chapter 2　BigQuery によるデータ分析

　例えば、us-central1 のバケットから asia-northeast1 のデータセットへロードを
試してみると、処理が失敗します。

```
$ bq load --autodetect import_tokyo.load_test gs://[project-id]-
import/sales.csv
BigQuery error in load operation: Error processing job
'[project-id]:bqjob_r32b80080043da898_0000016da5a22180_1': Cannot read
and write in different locations:
source: US, destination: asia-northeast1
```

　例外として、BigQuery のデータセットがUSマルチリージョンの場合は、どのリー
ジョンのGCSバケットからでもロードできます。

　前述の「コラム：データセットのロケーション」でも触れましたが、USマルチリー
ジョン以外のリージョンを使う場合は、GCSのリージョンも事前に計画しておきま
しょう。

2.5.3　複数ファイルのデータ読み込み

　BigQueryではデータが複数のファイルに分かれている場合でも、一括で読み込む方
法が用意されています。
　1つずつコンソール画面から取り込んでもいいのですが、ファイル数や容量が大きく
なってくると、効率を上げるために以下の機能を活用しましょう。

- bq loadコマンドを使う
- BigQuery Data Transfer Serviceを使う
- 外部ソースに対するクエリを使う

bq loadコマンドを使う

　先ほど紹介したbqコマンドを利用する方法です。
　bqコマンドのヘルプから一部を抜粋します。

```
$ bq load --help
Python script for interacting with BigQuery.

USAGE: bq [--global_flags] <command> [--command_flags] [args]

load       Perform a load operation of source into destination_table.
```

2.5 その他のデータの読み込み方法

```
Usage:
load <destination_table> <source> [<schema>]

The <destination_table> is the fully-qualified table name of
table to create, or append to if the table already exists.

The <source> argument can be a path to a single local file,
or a comma-separated list of URIs.
...

Examples:
...

bq load ds.small gs://mybucket/small.csv
name:integer,value:string
...
```

　まず、GCS上のフォルダ配下に複数ファイルをアップロードします。
　次に、bq loadコマンドの<source>を指定する際に、パスの一部にアスタリスクを使います。
　コマンドの実行結果は以下のとおりです。

```
$bq load --autodetect import.sales_from_bq_load \
 gs://[project-id]-import/sales/*.csv

Waiting on bqjob_r2c1e0f227975c5ce_0000016d81d4f4b8_1 ... (1s) Current
status: DONE
```

　これで、1つのテーブルに複数ファイルのデータを読み込めました。

BigQuery Data Transfer Serviceを使う

　BigQuery Data Transfer Service は、スケジュールに基づく管理された方法で、Google 広告や Google アド マネージャーなどの Software as a Service（SaaS）アプリケーションからのデータの移動を自動化します。また、これを利用したScheduled queries という機能があります。これらを組み合わせると、設定やSQLだけで定期的にデータの読み込みやデータの加工、テーブルの生成や更新が実現できます。
　BigQuery Data Transfer Service はGoogle Adsやキャンペーン マネージャー、GCS といったGoogleが提供するサービスからの読み込み機能もありますが、AWSのS3やRedshiftからの読み込み機能もあり、よりBigQueryへデータを集約しやすくする仕組みになっています。利用には費用が発生するものもありますので、料金体系を確認してください。

　BigQuery Data Transfer Service for Google Cloud Storage は、GCSから定期

み込むよう、ジョブを定義できる機能です。これを利用するとBigQueryがマネージド
でジョブをスケジュール起動してくれるため、定期的にGCSからファイルを読み込む
場面で役立ちます。利用にかかる費用は、GCSとBigQueryを利用した分のみです。

　この機能には注意すべき制約事項があります。主に以下の点を把握しておきま
しょう。

- バケット内のファイルが処理対象になるには、そのファイルがバケットに置か
  れてから1時間以上経過していること
- 転送を設定する前に宛先テーブルが作成されていること
- GCS上の対象ファイル（群）と宛先テーブルのスキーマが一致していること
- 書き込み設定はテーブルに追加（WRITE_APPEND）のみ指定可能であり、空の
  場合に書き込み（WRITE_EMPTY）や上書き（WRITE_TRUNCATE）は指定できな
  い

　これ以外にもありますので、公式ページの制限事項を確認してください。

　なお、ファイルの読み込み対象は、ファイルの最終更新日時から判断されます。前
回の対象範囲期間は内部で記録されており、前回の範囲以降から現在日時より1時間前
までが対象となります。

外部ソースに対するクエリを使う

　外部データソース（フェデレーション データソースとも呼ばれます）は、データが
BigQueryに格納されていない場合でも直接クエリできます。

　現在は次のデータに対してクエリを実行できます。

- Google Cloud Bigtable
- Google Cloud Storage
- Google ドライブ

テーブル作成時に、外部データソースを参照するように定義します。

　外部データソースはBigQueryのストレージにデータを取り込まなくてもクエリ
できる便利な機能ですが、その分制限も多くなっています。詳細は公式ページの
「外部データソースの制限事項」(https://cloud.google.com/bigquery/external-data-
sources?hl=ja#external_data_source_limitations)を確認してください。主に次の点に注
意し、用途に適合するか確認しましょう。

- クエリ中に元データを操作するとデータの整合性が保証されない
- クエリ結果はキャッシュされない
- BigQueryのデータセットと外部データソースは同じロケーションに配置する必
  要がある

ここではGCSのバケット上のcsvファイルに対して一時テーブルをtemp_tableとしてSELECTクエリを実行し、結果をsales_federatedというテーブル名で保存する方法を紹介します。一時テーブルに対してクエリを実行する方法はコンソール画面に無いため、ここではbqコマンドで実行します。

```
$bq query \
--external_table_definition=temp_table::sales_number:INTEGER,sales_
datetime:TIMESTAMP,sales_category:STRING,department_code:INTEGER,store_
code:INTEGER,customer_code:INTEGER,employee_code:INTEGER,item_
code:INTEGER,item_name:STRING,sale_unit_price:INTEGER,sales_
quantity:INTEGER,discount_price:INTEGER,consumption_
tax_rate:INTEGER,consumption_tax_price:INTEGER,sales_
price:INTEGER,remarks:STRING@CSV=gs://[project-id]-import/*.csv \
--destination_table import.sales_federated \
--use_legacy_sql=false \
'SELECT * REPLACE(DATETIME(sales_datetime) AS sales_datetime) FROM temp_
table'

Waiting on bqjob_r1854ccf5f9880a8b_0000016daa0ef316_1 ... (1s) Current
status: DONE
（テーブルの表示は省略）
```

このパターンの利点はSQLが書けることです。上記の例では単純なSELECTクエリとしましたが、SELECT句にCASTやCASEを使えますし、WHERE句やGROUP BY句も使えるため、BigQueryのストレージへ読み込む前にちょっとしたデータ加工を済ませることができます。

マスタテーブルをスプレットシートで管理したい（主に反映！！

2.5.4 Googleスプレッドシートをクエリする

BigQueryには外部データソースという、BigQueryの外部に保存されたデータに対してクエリを実行できる機能があります。

GCS、Cloud Bigtable、Googleドライブに格納されているデータに対してクエリを実行できます。

ここでは前述した、Googleドライブ上のGoogleスプレッドシートに対してクエリできる機能について紹介します。

使い方は、まずBigQuery上に外部テーブルを作成します。その外部接続先として、Googleスプレッドシート、シート、セル範囲を指定します。次に、BigQueryでテーブルをクエリするのと同じようにクエリを書いて実行します。すると、都度スプレッドシートを読みに行き、結果がBigQueryに返ってくる、という動きとなります。

定期的に変わるマスタデータをBigQueryで扱う場合、一度BigQueryにデータを取り込んでしまうと、マスタデータを変更したい場合はテーブルに対してINSERT、UPDATE、DELETE文を実行するか、データの洗い替えが必要になります。

その点、スプレッドシートなら都度読みに行くので、スプレッドシート上で編集すればすぐに反映されますし、表計算ソフトのような使い勝手なので、マスタデータの更新も手軽です。

それでは、BigQueryに外部テーブルを作成してみましょう。

まずはスプレッドシートに表形式でデータを入力します。ここでは**図2-17**のスプレッドシートを使用します。

次に、BigQueryのテーブル作成画面を開きます。ソースを「ドライブ」にするとスプレッドシートのURIを指定できるようになります。

更に、ファイル形式を「Google スプレッドシート」にすると「シートの範囲」を指定できます。

▼ **図2-22：外部テーブルの作成**

今回の例ではシートが複数あるので、シート名を指定します。

スキーマは自動検出にチェックを入れると、CSVファイルからテーブルを作成した時と同じように、データを見てカラム名と型を自動でセットしてくれます。

ヘッダは2行あるので、スキップするヘッダ行は2で設定します。
ここまで設定したら、「テーブルを作成」をクリックします。

作成したテーブルを見てみましょう。
フィールド名がスプレッドシート2行目で指定したものになっていますし、型も自動検出できています。日付型のところは説明に日付フォーマットを付けてくれています。

▼図2-23：division外部テーブルのスキーマ

ソースURIは先ほど指定したURIがそのまま表示され、スプレッドシートに飛べます。

▼図2-24：division外部テーブルの詳細

注意点としては、型に合わないデータをスプレッドシートで入力すると、BigQuery でクエリする際にエラーになります。不正なデータが入らないようにスプレッドシート側で工夫したり、変更後に一度全体をクエリしてエラーが発生しないか確認しましょう。

また、先ほどのシートのデータを10万行以上に増量しても問題なく検索できますが、10秒〜15秒程度かかりますので、要件やマスタの特性に合わせて使い分けてください。

Column スキーマの自動検出は万能？

テーブル設計方針の事例として、ID系のカラムには数値しか入っていなくても STRING型にすることがあります。

この場合はデータ内容だけで型を決められないため、意図しない型にならないように、スキーマ定義を事前に用意する方が安全です。

一方、とりあえずBigQueryにデータを取り込んで使ってみたい場面も多く、スキーマの自動検出を利用すれば細かく型を指定しなくてもおおよそ適切なテーブルを作れるため、ちょっとした作業には重宝します。

BigQueryの基本と特徴

BigQueryは大規模なデータセットに対する複雑なクエリを、わずか数十秒で返すほどの高いパフォーマンスを発揮します。一体BigQueryの何が優れているのでしょうか？ その内部構造の基本と機能の特徴を知ることで、BigQueryの他にはない魅力を学習していきましょう。

Chapter 3 BigQueryの基本と特徴

3.1 BigQueryの仕組み

そういえば先輩、前から聞きたかったことがあるんですが……

急にあらたまってどうしたの？

今回BigQueryを選んだ理由って具体的に何があるんでしょうか？ 先輩がGoogle技術をよくご存知なのは知っているのですが

そういえばちゃんと伝えていなかったわね。まず、検索エンジンサービスにおいてGoogleがトップ企業であることは誰もが知っている事実だと思うのだけれど、それは同時に蓄積されているデータ量もトップレベルということは想像がつくわよね？

考えたことはありませんでしたが、言われてみればそうですね

どの企業よりも巨大なデータに向き合って分析を続けてきたGoogleだからこそ、ビッグデータを効率的に扱うための解決策を生み出す必要があったの。その過程でいくつかの社内ツールが作られたのだけど、開発中にGoogleが生み出したコアテクノロジーのいくつかは論文として発表されていて、様々なOSS※の基になる程その先進性が認められているのよ

世界のトップ企業の社内ニーズという時点で要求レベルも高いはずですからね。確かに世界中の企業のビジネスニーズも満たせるのも納得です

> Googleが提供するクラウドサービスは、自社の社内ツールを一般提供したものがほとんどなのよ。ここまで聞くとGoogleが社内で使っているツール、使ってみたくならない？

> 今まで以上にBigQueryとGoogle技術に興味が湧いてきました！

※OSS：オープンソースソフトウェア

　この章ではBigQueryの仕組みや機能から一部を抜粋して紹介します。BigQueryが持つ機能を全て知るには、公式ドキュメント全てに目を通すのが一番です。

　とはいえ学び始めの頃はボリュームが多くて大変だと思いますので、本書を読み進める中で気になるキーワードがあれば「BigQuery ○○」と検索して公式ドキュメントを探しましょう。

> **Column** Cloud OnAirを活用しましょう
>
> 　Cloud OnAirをご存知でしょうか？ GoogleがGoogle Cloudについて紹介している番組です。Clcud OnAirのページには以下の説明があります。
>
> 　Cloud OnAir では、Google Cloud の製品についてわかりやすく解説し、最新の情報などいち早く皆様にお伝えする Online 番組です。
>
> 　この放送はYouTubeで配信されており、過去の放送はYouTubeで視聴できますし、スライドもSlideShareにアップされています。
>
> 　内容としては、かなり入門的なところから、深く掘り下げるところまで揃っており、Google Cloudを使い始める際の勉強材料として有用です。
>
> 　この章で取り上げるBigQueryの仕組みについても放送されており、基本的な考え方が学べるようになっていますので、併せて活用すると理解しやすくなります。
>
> ▼Cloud OnAir　BigQuery の仕組みからベストプラクティスまでのご紹介
> 　（2018年9月6日放送）
> 　放　送：https://www.youtube.com/watch?v=3c9oEZC83Bs
> 　スライド：https://www.slideshare.net/GoogleCloudPlatformJP/cloud-onair-
> 　　　　　bigquery-201896-113180907

Chapter 3　BigQueryの基本と特徴

3.2 BigQueryのアーキテクチャ

　BigQueryのクエリアーキテクチャは、Dremel クエリエンジンと言われるアーキテクチャとカラムナストレージを使用しています。このDremelクエリエンジンは、テーブルスキャンの高速化を目的として開発を進めたものです。1TB以上のテーブルのスキャンを1秒以内とすることを目標として進めた結果、Dremelのアーキテクチャは、リソースのスケールアウトを実装し、Googleの大規模ハードウェアインフラ、新しいファイルシステムであるColossus File Systemを組み合わせることで目標を実現することができました。

　Colossus File System は分散ファイルシステムで、大きなサイズのデータを分割し、別々の物理ディスクに複製して保存します。この結果、大きな分割されたデータを並列で読み込むことが可能になりました。

　Dremel クエリエンジンでは、ColumnIO と呼ぶファイルフォーマットを使用しています。Dremel クエリエンジンではクエリ実行時にテーブルスキャンを行いますが、ColumnIO は列毎に圧縮し、圧縮されたデータを読み取ることでスループットを高くしています。

▼図3-1：BigQueryのアーキテクチャ

[出典：https://www.slideshare.net/GoogleCloudPlatformJP/cloud-onair-bigquery-201896-113180907]

3.3 カラム指向ストレージ

　RDBなどのデータベースは、1行(1レコード)単位でデータを格納していますが、BigQueryのカラムナストレージは、列単位でまとめて格納しています。この仕組みでは、データをselectする列数を絞った適切なクエリを実行すると、対象列を検索するだけとなり、トラフィックが少なくて済みます。また、前述したColumnIOにより列毎にデータ圧縮するのですが、同一列には同一データ型の情報が登録されているため、圧縮効率が高くなります。また、圧縮・展開処理が列の単位で行うため1度でよく、効率の良い処理が可能となります。

　BigQueryでは前述のColossus File Systemにより読み込む列は分散され、物理的に別のディスクに保存します。そのため並列でディスクへの読み込み処理が可能となり、高速な処理を実現可能としています。

▼ 図3-2：カラム指向ストレージ

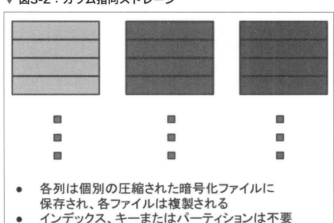

[出典：https://www.slideshare.net/GoogleCloudPlatformJP/cloud-onair-bigquery-201896-113180907]

Chapter 3 BigQueryの基本と特徴

3.4 ツリーアーキテクチャ

　BigQueryでは、DremelクエリエンジンとColossus File Systemにより、大規模分散処理でクエリを実行しています。Dremelの処理サーバのスケールアウトは、ユーザが実行したクエリを最初に受信するルートサーバがクエリ処理を分割し、大量のリーフサーバに分割したクエリ処理を渡します。この結果、大量のサーバを使用し、Colossus file Systemで保存された分割されたデータをリーフサーバが使用し分散処理を行うことで、高速なクエリ処理を実現しています。

▼ 図3-3：ツリーアーキテクチャ

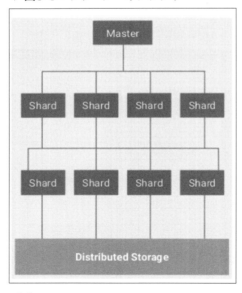

[出典：https://www.slideshare.net/GoogleCloudPlatformJP/cloud-onair-bigquery-201896-113180907]

3.5 データ型

BigQueryでは、文字列や整数といった単純なデータ型に加えて、ARRAYやSTRUCTといった複雑なデータ型もサポートしています。

BigQueryで指定できる型は以下のとおりです。

▼ 表3-1：データ型

分類	型名	説明・範囲
数値(整数)型	INT64	小数部分を持たない数値。 −9,223,372,036,854,775,808 ～ 9,223,372,036,854,775,807
数値(浮動小数点)型	FLOAT64	小数部分のある近似値。倍精度(近似)10進値
数値型	NUMERIC	10進38桁の精度と 10進9桁の尺度の小数値
ブール型	BOOL	キーワード TRUE と FALSE(大文字と小文字の区別なし)
文字列型	STRING	可変長文字(Unicode)データ
バイト型	BYTES	可変長文字バイナリデータ
日付型	DATE	0001-01-01 ～ 9999-12-31
日時型	DATETIME	0001-01-01 00:00:00 ～ 9999-12-31 23:59:59.999999
時刻型	TIME	00:00:00 ～ 23:59:59.999999
タイムスタンプ型	TIMESTAMP	0001-01-01 00:00:00 ～ 9999-12-31 23:59:59.999999 UTC
地理型	GEOGRAPHY	ポイントセットまたは地球表面のサブセットとして表されるポイント、ライン、およびポリゴンのコレクション
配列型	ARRAY	ARRAY 型ではないゼロ以上の要素の順序付きリスト
構造体型	STRUCT	順序付きフィールドのコンテナで、各フィールドはデータ型(必須)とフィールド名(オプション)を持つ

文字列型は固定長や可変長といった区別はなく、長さの指定も不要です。

タイムスタンプ型は、タイムゾーンや夏時間といった慣習に関係なく、絶対的な時刻を表します。

日時型は、タイムゾーンや夏時間といった慣習を反映した上での日時です。

3.6 パーティションとクラスタ

BigQueryでテーブルを作る際、標準のテーブルより細かい単位でデータを管理できる機能があります。それが以下の2つです。

- パーティション分割テーブル(Partitioned tables)
- クラスタ化テーブル(Clustered tables)

3.6.1 パーティション分割テーブル

パーティション分割テーブルは、テーブルの中に複数のパーティションを定義できるテーブルです。パーティションは以下の点でメリットがあります。

- パーティション単位でデータの読み込みができる
  例えば日次で新たなパーティションへ読み込むようにすると、既存のパーティションのデータには影響を与えずに済みます。
  また、パーティションを上書き(書き換え)するように設定すれば、何らかの要因により複数回読み込み処理が動いてしまっても、データ重複を避けられます。
- パーティション単位でクエリできる
  クエリでパーティションのテーブルの全行の列ではなく、範囲指定したパーティション内の全行の列だけをスキャンできるので、スキャン範囲を絞られます。
- パーティション単位でデータをエクスポートできる

注意点として、執筆時点ではパーティションの単位を決めるキーには日付、もしくは整数の範囲のみ指定できます。日付の指定方法として、以下の3つがあります。

- データを読み込んだ日時(UTC)の日付部分
- TIMESTAMP列の日付部分
- DATE列

3.6.2 クラスタ化テーブル

クラスタ化テーブルは、指定したクラスタ化テーブルの対象列（クラスタリング列）に基づいてデータ配置場所や並び順が調整されるテーブルです。

利点として、WHERE句にクラスタリング列を指定した際、不要なデータはスキャンを省略してくれます。これはレスポンスが早くなったり、クエリ料金の軽減につながります。

気を付けたいのは、クラスタ化によるスキャン範囲の省略は試算時には分からず、実行後に分かるという点です。そのためBigQueryのコンソール画面で表示される「このクエリを実行すると、XXX B が処理されます。」の値よりも「処理されたバイト数：XXX B」の値が小さくなることがあります。

執筆時点では、パーティション分割テーブルとして作成したテーブルのみクラスタ化できます。

RDBのインデックスのイメージに近く、クラスタリング列は、最大 4つまで指定できます。

クラスタリング列は以下のデータ型を指定可能です。

- INT64
- STRING
- DATE
- TIMESTAMP
- BOOL
- NUMERIC
- GEOGRAPHY

クラスタリング列はネストされていない列を指定できます。

クラスタ化テーブルを作成した後はクラスタリング列を変更できないので、クラスタリング列を変更したい場合は、テーブルを新たに作成する必要があります。

3.7 ジョブ

　BigQueryは、データの読み込み、データのエクスポート、データのクエリ、データのコピーといった長時間かかる可能性のある操作をジョブとして受け付けます。このとき、BigQueryはジョブIDを発行し、クライアントへのレスポンスに含めて返します。
　BigQueryはジョブを非同期で実行しますので、クライアントはジョブIDを使ってジョブのステータスを問い合わせることができます。
　ジョブIDはアルファベット（a～z、A～Z）、数字（0～9）、アンダースコア（_）、ダッシュ(-)で構成される文字列で、最大長は1,024文字です。
　ジョブIDは操作をリクエストする際の引数として渡すこともでき、その場合は渡したジョブIDでジョブが実行されます。プロジェクト内で一意である必要があるので、日次で動かすような処理のジョブIDは固定値にしないよう注意してください。
　自分やプロジェクトでジョブの実行履歴を見るには、コンソール画面にある「ジョブ履歴」を開きます。

▼ 図3-4：ジョブ履歴画面

　データの読み込みのジョブについては、ジョブ詳細を表示した画面に「読み込みジョブを繰り返す」というボタンが用意されており、履歴と同じ設定で再読み込み画面を開くことができます。例えばGCS上のファイルを差し替えたので同じ設定で再読み込みしたい場合や、設定の大半を流用したい場合に便利です。

ビュー

　BigQueryにはビューを定義する機能があります。SQLクエリを作成して、「ビューを保存」をクリックすることで、データセットにビューを保存できます。

　ビューは仮想的なテーブルなので、ビュー自体に実データは保存されていません。ビューに対してクエリを実行するたびに、ビューに定義したクエリを展開して実行します。

　BigQuery上でのデータ加工で試行錯誤している段階では、加工するクエリをテーブルではなくビューとして保存するのがオススメです。実データを保存しないためストレージ費用がかかりませんし、加工するクエリが間違っていた場合はビューの定義を直すだけで済みます。

　データセットの構成としては、実データを置く「取り込み層」と、ビュー群を置く「加工済み層」というイメージです。これだけでも使い始めるには十分です。

　ビューに限らず通常クエリで複数のテーブルを結合したり複雑な加工をしたりする場合には、テーブル1つをクエリする場合と比べるとレスポンスが遅くなります。BigQueryのパワーに頼って何とかなることも多いのですが、それでもレスポンスを早めたい場合には、ビューではなくテーブルに置き換えることを検討します。テーブル単体であれば、スケジュールされたクエリ（Scheduled queries）を利用します。依存関係のようなワークフローも必要なら、以降の章で解説するCloud Composerからのクエリ実行を検討します。

パフォーマンスと費用

　フルマネージドサービスはユーザが煩わしい管理から解放される反面、サービスの仕様をよく理解しないと正しくパフォーマンスが発揮できません。この章ではBigQueryの性能を最大限引き出し、費用を最小限に抑えるためのベストプラクティスを学んでいきます。

BigQuery Chapter 4 パフォーマンスと費用

4.1 BigQueryのチューニング

うーん、どうしたものかな……

難しい顔してどうしたの？

それが、分析用のテーブルを作るクエリの1つでどうしても結果のデータ容量がかさんでしまって、今のまま日次で実行するとなると、ランニングコストが増えてしまいそうなんです

どれどれ……なるほど。確かにこのクエリはグレーパターンね

グレーパターン……？

標準SQLやベンダーの独自仕様でクエリ構文を組み立てる上では、それぞれやってはいけなかったり好ましくない書き方というのが存在するの。そういった事例や知見はグレーパターンやアンチパターンと呼ばれているのよ

そういえばデータベースのSQLでもそういう『良くない書き方』は教わりました

クラウドの場合は従量課金制だから、パフォーマンス以外にコストにも意識を払わなければならないから注意してね

クエリ料金がはっきりと可視化されているから、辛いところでもありますね……

オンプレミスでは意識されなかった部分のコストを最適化できるのは良いけれど、開発者としては大変なのは確かね。でも1つ注意点があるのだけど、クラウドではリソースが共有されているという前提があるから、いつでも想定通りのパフォーマンスが発揮できるわけではない、ということは関係者全員が意識する必要があるわ

それが一番難しそうですね

確かに言えてるわ

BigQueryでは以下の料金が発生します。

- テーブルにデータを保存するサイズと保存期間
- ストリーミング挿入
- 実行したクエリがスキャンするデータサイズ

昔から言われていることですが、実行したクエリがスキャンするデータサイズの費用(Query Analysis)を甘く見ていると、想定外の料金を請求されることがあるので注意しましょう。

クエリのパフォーマンスチューニングに関しては、費用を抑えるチューニングと共通する部分が多くあります。

BigQueryのチューニングは、以下の点を踏まえて行います。

4.1.1 費用・パフォーマンスチューニング共通

select * を使用しない

BigQueryはwhere句やlimit句を使用して行数を減らしてもクエリ料金は変わりません。

必要な列のみを指定することで、クエリデータサイズを減らすことができます。

パーティションテーブルを使用する

パーティションテーブルを使用することで、クエリ検索の範囲が絞られますから、費用もパフォーマンスも良い結果となります。

クラスタ化テーブルを使用する

クラスタ化テーブルを使用すると、標準SQLを使用したwhere句やgroup by句を使用するクエリのパフォーマンスを向上させることが可能です。

仕様上可能であれば、キャッシュを有効にする

BigQuery を使用するシステムなどの仕様上、キャッシュを有効にすることで、高いキャッシュヒット率が望める場合は、クエリ実行時にキャッシュを有効にすることで、クエリ結果を高速に返すことができます。

レガシー SQLを使用せず、標準SQLを使用する

BigQuery が登場した当初、現在は「レガシー SQL」と言われる BigQuery 独自の非標準SQLのみ使用可能でした。このレガシー SQLには、Group by など集計クエリ処理にサイズ制限があります。また前述しましたパーティションテーブル、クラスタ化テーブルといったバフォーマンスを上げ、費用を圧縮する機能が使用できません。現在レガシー SQLを使用している場合は、極力、標準SQLに変更しましょう。

4.1.2 費用チューニング

プレビューを使用する

テーブルを確認したい時、「select ・・・ limit」クエリを実行したくなりがちですが、selectすると、クエリの費用が発生します。

第2章でも触れていますが、コンソール画面の左ペインからテーブルを選択することでプレビューを見ることができ、クエリ費用は発生しません。

また、bq head コマンドで表示する行数を指定し、データを確認することができます。

事前にクエリサイズを確認する

コンソール画面でクエリを実行する際、有効なクエリが入力されると右にクエリサイズが表示されます。

このクエリサイズからBigQuery Analysis 料金を算出することができます。

bq query コマンドの場合は、--dry-run オプションを付けることでクエリサイズをバイト単位で確認することができます。

クエリ料金課金の上限サイズを設定する

第2章では、プロジェクトに対してクエリ料金課金の上限サイズを設定する方法を記載しましたが、クエリ単位で課金の上限サイズを設定することもできます。

bq query コマンドの場合、--maximum_bytes_billed フラグでクエリ料金の課金上限サイズを指定することで、課金上限を超えたクエリをエラーとすることができます。

4.1.3 パフォーマンスチューニング

一時テーブルを使用する

サブクエリを多く使用するクエリは、実行する度に全てのクエリに対する料金が発生しますので、可能であれば、サブクエリの部分を先に一時テーブル化しておき、一時テーブルに対してメインクエリを実行する方法にすることで、実行の度にサブクエリ料金の発生を無くすことができます。

order by を極力使わない

BigQuery では、クエリ処理で order by 句を使用すると、処理を実行する並列処理ノードが限定され、パフォーマンスが低下します。また処理を行うテーブルデータのサイズにより、メモリ不足エラーが発生することがあります。BigQuery では、order by の対象データサイズを減らすように工夫しましょう。

これらの方法は公式ドキュメントに記載があるので、一読することをお勧めします。

Column STRUCT 型とARRAY型

BigQuery では、STRUCT 型とARRAY型をネイティブでサポートしています。
STRUCT 型とARRAY型をうまく使えば、BigQuery のクエリ実行を速くすることが可能です。
では、STRUCT 型とARRAY型の例を見てみましょう。

以下のクエリを実行してみましょう。

```
SELECT 'Lollipop', 'Marshmallow', 'Nougat', 'Oreo', 'Pie'
```

▼ 図CO-1：SELECT結果

このクエリは単純に項目が列として出力されます。

では、次のクエリを実行してみましょう。

```
SELECT ['Lollipop', 'Marshmallow', 'Nougat', 'Oreo', 'Pie'] as version_array
```

▼ 図CO-2：ARRAY型 SELECT結果

　BigQuery では、このように1行に配列(ARRAY型)として複数の値を扱うことができます。

次にSTRUCT型を出力するクエリを実行してみます。

```
SELECT STRUCT("android" as name, 'Pie' as version_name) as product
```

▼図CO-3：STRUCT型 SELECT結果

カラム名を見るとおわかりの通り、BigQueryではSTRUCT型としてデータを扱うことができます。STRUCT型の product の中に、name 項目とversion_name項目が格納されていることがわかります。

次のクエリは、STRUCT型の中にARRAY型で値をセットした例です。

```
SELECT STRUCT("android" as name,  ['Lollipop', 'Marshmallow', 'Nougat',
'Oreo', 'Pie']  as version_name) as product
```

▼図CO-4：STRUCT型にARRAY型を格納　SELECT結果

このように、STRUCT型であるproductのversion_nameにARRAY型で値をセットしています。行番号を見ると1行となっており、STRUCT型の1行に複数の値があるARRAY型を格納していることがわかります。

STRUCT型、ARRAY型をBigQueryのテーブルとして定義する場合、スキーマはRECORDタイプ、REPEATEDモードになります。

▼ 図CO-5：STRUCT型、ARRAY型のスキーマ

データはこのように保持されます。

▼ 図CO-6：STRUCT型、ARRAY型スキーマのデータ

STRUCT型、ARRAY型を通常のレコードのように別々の行として出力(フラット化)したい場面があります。その時はUNNESTを使用します。上記テーブルをフラット化する場合は、以下のようにSTRUCT型、ARRAY型に対してUNNESTします。

```
select product.name,version_name
from sales.products,unnest(products.product)
as product ,unnest(product.version_name) as version_name
```

4.1 BigQueryのチューニング

▼図CO-7：STRUCT型、ARRAY型のフラット化

BigQueryではこのようにARRAY型、STRUCT型を扱うことができます。

STRUCT型、ARRAY型を使うことで別テーブルにデータを保持しテーブルをJOINすることを減らすことができます。

別テーブルに分けるよりわかりやすく、またSELECTの速度も速くなりますので、最初は取っ付き難いかもしれませんが、使ってみて理解を深めることをお勧めします。

4.1.4 BigQueryのスロット

BigQueryにはスロットという単位があります。スロットとは、簡単に言うと処理の並列度を表します。BigQueryがクエリ実行を行う際、クエリを分割し並列で実行する処理をスロットという単位で表しています。

BigQueryのクエリ処理のレスポンスが遅いと感じたら、スロットの使用状況を確認してみましょう。

スロットを確認する上での観点は2つのパターンがあります。

①スロットの使用数が少なく、クエリが遅くなる
②同時実行スロット数を超えてしまい、クエリが遅くなる

①スロットの使用数が少なく、クエリが遅くなる

BigQueryのクエリ実行を簡単におさらいすると、実行するクエリの処理を分割し、Googleの膨大なリソースを使い並列実行します。

この結果、ペタバイトのデータサイズのクエリを高速に処理できるわけですが、クエリの処理を分割できず並列実行を行わない場合、クエリ実行が遅くなります。

②同時実行スロット数を超えてしまい、クエリが遅くなる

バッチ処理などデータサイズが大きなテーブルに対して複数の複雑なクエリを同時実行した場合、必要なスロット数が同時実行上限である2000スロットを超えてしまうことがありえます。

スロットの確認

後述する定額契約(Flat-rate)をしていない場合(オンデマンド料金)は、BigQuery の割り当て(quota)で同時実行スロット数が2000スロットに制限されています。複数のクエリを同時に実行している場合、制限までスロットを使用している可能性があります。

クエリのレスポンスが遅いと感じた場合、まずはStackdriver Monitoringでプロジェクト単位のスロットの利用状況を確認してみましょう。

プロジェクトでのスロット使用状況は、Stackdriver の Resource BigQuery にある"Slot Utilization"で確認することが可能です。プロジェクト内のスロット使用状況が確認できます。

▼ **図4-1：Stackdriver Slot Utilization画面**

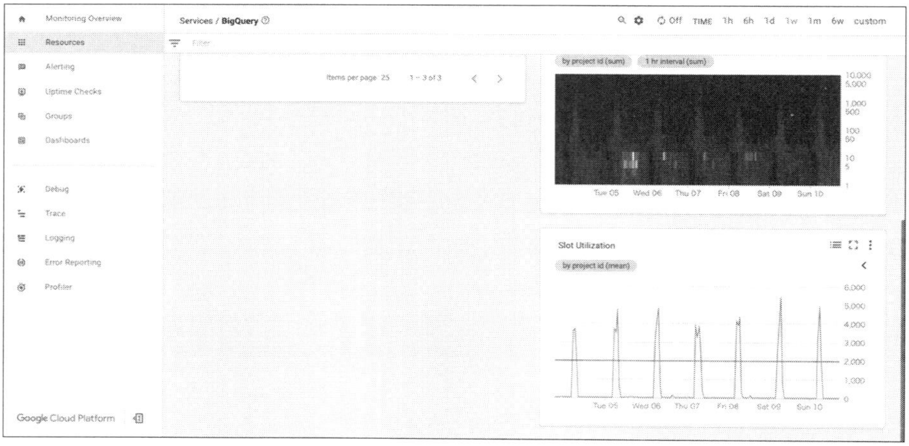

Slot Utilizationが2000を超えている場合は、各クエリの使用しているスロットを確認してみましょう。複数クエリの実行が2000スロット以内になるように、クエリの見直しや、実行時間の変更といった対策を検討しましょう。

また、Slot Utilization で常時スロットが使用されている状況なら、後述するスロットの定額利用(Flat-rate)を契約することも考えましょう。

クエリのスロット使用数の確認方法

各クエリのスロット使用数は、以下の方法で確認します。

まず、クエリのジョブIDを取得します。ジョブIDを指定している場合など、既にジョブIDがわかる場合、この手順は不要です。

コンソールをお使いの場合は、左ペインのジョブ履歴で確認できます。コンソールでは以下のコマンドで可能です。

```
$ bq --location=[ロケーション] ls -j -n [表示行数]
```

[ロケーション]には、リージョンが入ります。例えば、東京であれば、asia-northeast1 です。

[表示行数]はデフォルト50行ですので、必要な行数を指定します。

クエリのジョブIDを確認したら、以下のコマンドをOSのターミナルまたはCloud Shellで実行します。

```
$ bq --format=prettyjson show -j [ジョブID]
```

コマンドを実行した結果、以下のような情報が表示されます。

```
{
  "configuration": {
    "jobType": "QUERY",
    "query": {
      "allowLargeResults": true,
      "destinationTable": {
        "datasetId": "XXXXXX",
        "projectId": "XXXXXXXXXXXX",
        "tableId": "table_name"
      },
      "priority": "INTERACTIVE",
      "query": "\n select \n
     ・・・・・・・・from ・・・・・
     ・・・・・・・where ・・・・・",
      "writeDisposition": "WRITE_APPEND"
    }
  },
  "etag": "XXXXXXXXXXXXXXX",
  "id": "XXXXXXXXXXXXXXXXXXXXXXXXXXXXX",
  "jobReference": {
```

```
        "jobId": "bqjob_XXXXXXXXXXXXXXXXXXXXXXXXXX",
        "location": "US",
        "projectId": "projectXXXXXX"
    },
    "kind": "bigquery#job",
    "selfLink": "https://www.googleapis.com/bigquery/v2/projects/projectXXXXXX/
jobs/bqjob_XXXXXXXXXXXXXXXXXXXXXXXXXXXXX?location=US",
    "statistics": {
        "creationTime": "1560835919124",
        "endTime": "1560835929717",
        "query": {
            "billingTier": 1,
            "cacheHit": false,
            "estimatedBytesProcessed": "617540836125",
            "queryPlan": [
                {
///////////////////////// 省略 /////////////////////////
            ],
            "referencedTables": [
                {
                    "datasetId": "sample_dataset",
                    "projectId": "sample_project",
                    "tableId": "sample_table1"
                },
                {
                    "datasetId": "sample_dataset",
                    "projectId": "sample_project",
                    "tableId": "sample_table2"
                }
            ],

///////////////////////// 省略 /////////////////////////
            "statementType": "SELECT",
            "timeline": [
                {
                    "activeUnits": "1626",
                    "completedUnits": "232",
                    "elapsedMs": "1355",
                    "pendingUnits": "1626",
                    "totalSlotMs": "67351"
                },
                {
                    "activeUnits": "1683",
                    "completedUnits": "232",
                    "elapsedMs": "2584",
```

```
        "pendingUnits": "1676",
        "totalSlotMs": "2877422"
      },
///////////////////////// 省略 /////////////////////////
      {
        "activeUnits": "13",
        "completedUnits": "2417",
        "elapsedMs": "10008",
        "pendingUnits": "0",
        "totalSlotMs": "2837129"
      }
    ],
    "totalBytesBilled": "372929200128",
    "totalBytesProcessed": "372928577953",
    "totalPartitionsProcessed": "0",
    "totalSlotMs": "2837129"
  },
  "startTime": "1560835919672",
  "totalBytesProcessed": "372928577953",
  "totalSlotMs": "2837129"
},
"status": {
  "state": "DONE"
},
"user_email": "XXXXXXXXXX@developer.gserviceaccount.com"
}
```

　出力結果にある totalSlotMs はクエリで使用されるスロットの合計処理時間(ミリ秒)
です。timeline 項目の最後の グループ(‖で括られている項目) が全体の 実行情報とな
ります。

　出力例では totalSlotMs 2837129 がこのクエリのスロットの合計処理時間(ミリ秒)、
elapsedMs 10008 がクエリを開始してからの経過時間(ミリ秒)となります。

● 平均スロット消費量の算出

　totalSlotMs(スロット合計処理時間)をelapsedMs(経過時間)で割ると、ミリ秒当たり
の使用スロット数である平均スロット消費量(同時実行スロット数)を算出できます。

平均スロット消費量 = totalSlotMs ÷ elapsedMs

　出力例では以下のようになります。

平均スロット消費量 = 2837129 ÷ 10008 = 283.5

出力例のクエリは同時使用 283.5 スロットと算出されました。

ただし、経過時間で割ってるので、実際のスロット使用は重いクエリステージの処理に偏ります。この算出方法は、各クエリのミリ秒当たりの平均スロット消費量を算出することで、およその同時実行スロット数を確認することができ、クエリの見直しの材料にすることができます。

Column BigQueryの定額利用

BigQuery にはクエリ課金の定額契約（Flat-rate）があります。以前は 2000 スロットからの契約でしたが、500 スロット単位となり、契約の敷居が低くなりました（現時点ではアルファ版）。また今までは Google に連絡して契約する必要がありましたが、これからコンソールから契約が可能となります。

Flat-rate 契約をしていない場合（オンデマンド料金）では同時実行スロット数はベストエフォートで使用数は保証されませんが、Flat-rate 契約では契約したスロット数の同時実行が保証されます。当然ですが少ないスロット数の契約の場合、契約スロット数を超えて同時に使用することはできません。

Flat-rate 契約はプロジェクト単位の契約となります。

主なリージョンの Flat-rate 契約の料金は以下の通りです。

リージョン	Flat-rate 月定額料金	Flat-rate 年定額料金
US（マルチリージョン）	$10,000 / 500 スロット	$8,500 / 500 スロット
東京	$12,000 / 500 スロット	$10,200 / 500 スロット

月額契約は、購入確定日から 30 日間は解約・ダウングレード不可。

年額契約は、1 年経過しないと解約・ダウングレード不可。

Chapter 4 パフォーマンスと費用

4.2 BigQueryをより深く知る

どう？　BigQueryの学習は捗っている？

今は自分で触ってみたり公式ドキュメントを読んでいます。公式ドキュメントは日本語化されているし、読みやすいですね。私はインフラの知識がなかったので心配していましたが、不要なようなので安心しました

そう、それは良かったわ

それで、特にこれを読んでおくべきという項目はありますか？

そうね。**割り当てと上限**[※1]は一通り目を通しておいてほしいわね。読んでもイメージがつきにくいものもあるから、実践のトラブルシューティングの中で、いつでも引き出せるように覚えておくことが大事だと思うわ

わかりました

BigQueryは多くの機能や使い方があって、他のサービスよりも比較的ドキュメント量が多いから、焦らずゆっくり読み進めるようにね。あと、BigQueryのメインの機能の他にも、例えば**機械学習モデルを構築できる機能**[※2]もあるから、調べてみると面白いと思うわ

BigQueryは、本当に色んなことができるんですね

BigQueryは、GCPの主力サービスの1つとしてこれからも機能は増えていくから、今の機能を知るだけじゃなく、これからも追い続けていきましょう

サービスの進化に私達もついていけるようにならないといけませんね

※1 割り当てと上限：https://cloud.google.com/bigquery/quotas?hl=ja
※2 BigQuery ML：https://cloud.google.com/bigquery-ml/docs/bigqueryml-intro?hl=ja

4.2.1 bq query コマンドのオプション

2.5.1　**bqコマンド**では、bq コマンドについて説明しましたが、ここではクエリ実行のコマンド**bq query**について詳しく説明します。

便利なオプション一覧

bq query コマンドでよく使用する、便利なオプションは以下のものがあります。

- --append_table [true/false]

- --destination_table [テーブル名]

    selectしたデータを--destination_tableで指定したテーブルに追加します。コンソール画面でも設定できます。

▼ 図4-2：コンソール画面での宛先テーブル指定

● --batch [true/false]

　クエリ実行には、インタラクティブモードとバッチモードがあります。このオプションを指定すると、クエリがバッチモードで実行されます。

● --clustering_fields [カラム名[,カラム名]]

　カンマ区切りのカラムをクラスタ化した宛先テーブルを作成します。取り込み時間分割テーブル、または DATE 列や TIMESTAMP 列のパーティション分割テーブルを作成するときに指定可能です。指定するとテーブルがまず時間分割され、その後、指定された列を使用してクラスタ化されます。

● --destination_schema [スキーマファイルパス]

　宛先テーブルが定義されたスキーマファイルを指定します。

● --dry_run

　指定すると、クエリは検証されますが実行されません。
　コンソール画面でも設定できますが、bq query --dry_run ではクエリサイズがバイト単位で出力され、コンソール画面では、クエリサイズによって単位が変わり出力されます（画像ではGB単位）。

▼ 図4-3：コンソール画面のクエリスキャンサイズ表示

- **--destination_kms_key [Cloud KMS の鍵リソース ID]**

  宛先テーブルのデータを暗号化するために使用される Cloud KMS 鍵のリソース ID を指定します。

- **--max_rows または -n [行数(デフォルト：100)]**

  クエリ結果で返す行数を指定します。

- **--maximum_bytes_billed**

  クエリに対して課金されるバイト数を制限する整数。クエリがこのフラグで設定した制限を超える場合、そのクエリは失敗します(料金は発生しません)。指定しない場合、課金されるバイトはプロジェクトのデフォルトに設定されます。コンソール画面でも設定できます。

▼ 図4-4：コンソール画面の課金される最大バイト数

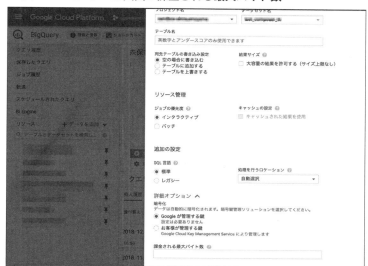

- --replace

    指定すると、クエリ結果で宛先テーブルが上書きされます。

- --require_cache

    指定すると、キャッシュから結果を取得できる場合にのみ、クエリが実行されます。

- --require_partition_filter

    指定すると、分割テーブルに対するクエリにはパーティション フィルタが必要になります。

- --schedule

    クエリを定期的にスケジュールされたものにします。クエリを実行する頻度を指定する必要があります。

    ▼ 例
    ```
    --schedule='every 24 hours'
    --schedule='every 3 hours'
    ```

- --schema_update_option

    （読み込みジョブまたはクエリジョブで）テーブルにデータを追加するとき、またはテーブル パーティションを上書きするときに、宛先テーブルのスキーマを更新する方

法を指定します。有効な値は次のとおりです。

- ALLOW_FIELD_ADDITION：新しいフィールドの追加を許可します。
- ALLOW_FIELD_RELAXATION：REQUIRED フィールドを NULLABLE に緩和することを許可します。

複数のスキーマ更新オプションを指定するには、このフラグを繰り返します。

● --start_row または -s [行数(デフォルト：0)]

クエリ結果で返す最初の行を指定します。

● --time_partitioning_expiration [秒数]

時間ベースのパーティションを削除する秒数を指定します。パーティションの日付 (UTC)に、指定秒数を足した値が有効期限になります。

● --time_partitioning_field [カラム名]

時間ベースのパーティション分割テーブルに使用されるカラムを指定します。カラムを指定せずに時間ベースのパーティショニングを有効にすると、テーブルは読み込み時間に基づいてパーティショニングされます。

● --time_partitioning_type [DAY]

テーブルのパーティショニング タイプを設定します。現在は DAY のみ指定可能です。

● --use_cache

指定すると、クエリ結果がキャッシュされます。デフォルト値は true です。

● --use_legacy_sql [true/false]

デフォルト (true)はレガシー SQL を実行します。false に設定すると、標準 SQL クエリを実行します。

● --label [key:value]

クエリジョブに適用するラベルを指定します。複数のラベルを指定するには、繰り返し指定します。

● --parameter

クエリ パラメータのリストを含む JSON ファイル、または name:type:value 形式のクエリ パラメータ。名前を空にすると、位置パラメータが作成されます。STRING 値を使用する場合は、name::value または ::value の形式で type を省略できます。NULL を指定すると、null 値が生成されます。複数のパラメータを指定するには、このフラグ

を繰り返します。

● --target_dataset

--schedule と指定すると、スケジュールクエリのターゲットデータセットが更新されます。指定した場合、クエリは DDL または DML である必要があります。

4.2.2 BigQuery の割り当て

第2章　BigQueryを使ってみようで説明しました割り当て(Quota)は、BigQueryにも設定があり、ユーザに対してリソースの割り当て数が決まっています。世界中のユーザに対して、問題なくサービスを利用できるように、使用するリソース等に制約を設けています。

BigQueryをバッチ処理など特にシステムに組み込んで実行する場合、Quotaを十分意識する必要があります。割り当て数を超えた場合、エラーが発生したりBigQueryの実行に一時的な保留が起こり、期待していたパフォーマンスを発揮できない可能性があります。

主な割り当て

主な割り当てには、以下のものがあります。

● インタラクティブ クエリの同時実行クエリ：100

インタラクティブモードの場合、同時実行クエリは100までとなります。バッチモード(--batch オプション)の場合、この制限はありません。

● 宛先テーブルの日次更新回数上限：1日あたりテーブル毎 1000 回の更新

● クエリ実行時間の上限：6時間

クエリの実行が6時間となったら、タイムアウトとなります。

● 1クエリで参照できるテーブルの最大数：1,000

1クエリで参照できるテーブル最大数は1000です。

標準SQLでテーブルのワイルドカード指定の場合、ワイルドカードを1テーブルとカウントされ、実際のテーブル数はカウントされません。

以下の例では、5年分1826テーブルあってもエラーにはなりません。

```
SELECT columnA,columnB
  FROM `dataset.uriage_daily_*`
WHERE _TABLE_SUFFIX BETWEEN '20130101' AND '20181231'
```

- **オンデマンド料金のプロジェクトあたり同時実行最大スロット数：2000**

  オンデマンド料金では、プロジェクトあたり同時実行最大スロット数の割り当ては2000スロットです。

  特にBigQueryのクエリを複数実行する場合、前述したスロット数算出などを使って、上限内に抑えるアプリケーション設計を行い、安定したパフォーマンスを発揮するようにクエリを実装しましょう。

4.2.3 BigQueryのセキュリティ

IAMによる権限管理

GCPでは、Googleアカウントに対してBigQueryの権限付与をすることによって、BigQueryへのアクセスレベルを変更することができます。

BigQueryの権限管理は2つあります。1つはプロジェクトレベルのIAMによる権限、もう1つはBigQueryデータセットレベルでのIAMによる権限です。

- **プロジェクトレベルの権限**

  プロジェクトレベルの権限では、Google CloudコンソールのIAM設定画面から設定します。

▼ 図4-5：IAM画面の BigQuery 役割

● BigQuery データセットレベルの権限

　BigQueryに他部署に見せたくない情報が入っている場合、データセット毎に権限を設定し、自部署のみ閲覧・編集可能にするといった権限設定が必要なことがあります。BigQueryではデータセットレベルで権限を付与できます。

▼ 図4-6：データセットの権限

BigQueryの役割と権限

　BigQueryでは、複数の権限を束ねた「事前に定義された役割」が複数用意されています。役割をユーザに対して付与することでユーザが許可された権限を持つことができます。

　以下の表にBigQueryの役割と設定されている権限をまとめました。

▼ 表4-1：BigQueryの役割と権限

役割	ロール	説明	権限	IAMレベル
BigQuery 管理者	roles/ bigquery.admin	プロジェクト内のBigQueryの全リソースを管理する権限です。プロジェクト内で実行している他のユーザからのジョブのキャンセルも可能です。	bigquery.* resourcemanager.projects.get resourcemanager.projects.list	プロジェクト
BigQuery データ編集者	roles/ bigquery. dataEditor	データセットのメタデータを読み取り、データセット内のテーブルを一覧表示します。データセットのテーブルを作成、更新、取得、削除します。新しいデータセットを作成することもできます。	bigquery.datasets.create bigquery.datasets.get bigquery.datasets.getIamPolicy bigquery.datasets.updateTag bigquery.models.* bigquery.routines.* bigquery.tables.* resourcemanager.projects.get resourcemanager.projects.list	データセット

役割	ロール	説明	権限	IAMレベル
BigQuery データオーナー	roles/ bigquery. dataOwner	データセットを読み取り、更新、削除します。データセットのテーブルを作成、更新、取得、削除します。新しいデータセットを作成することもできます。	bigquery.datasets.* bigquery.models.* bigquery.routines.* bigquery.tables.* resourcemanager.projects.get resourcemanager.projects.list	データセット
BigQuery データ閲覧者	roles/ bigquery. dataViewer	データセットのメタデータを読み取り、データセット内のテーブルを一覧表示します。データセットのテーブルからデータとメタデータを読み取ります。プロジェクト内のすべてのデータセットをリスト表示することができます。ジョブの実行はできません。	bigquery.datasets.get bigquery.datasets.getIamPolicy bigquery.models.getData bigquery.models.getMetadata bigquery.models.list bigquery.routines.get bigquery.routines.list bigquery.tables.export bigquery.tables.get bigquery.tables.getData bigquery.tables.list resourcemanager.projects.get resourcemanager.projects.list	データセット
BigQuery ジョブユーザ	roles/ bigquery. jobUser	プロジェクト内で、クエリを含むジョブを実行する権限を持ちます。この権限を持つユーザ自身が実行したジョブをリスト表示でき、ユーザ自身のジョブをキャンセルできます。	bigquery.jobs.create resourcemanager.projects.get resourcemanager.projects.list	プロジェクト
BigQuery メタデータ閲覧者	roles/ bigquery. metadataViewer	プロジェクト内の全てのデータセットをリスト表示し、プロジェクト内のすべてのデータセットのメタデータを読み取ります。すべてのテーブルとビューをリスト表示でき、プロジェクト内のすべてのテーブルとビューのメタデータを読み取ります。ジョブの実行はできません。	bigquery.datasets.get bigquery.datasets.getIamPolicy bigquery.models.getMetadata bigquery.models.list bigquery.routines.get bigquery.routines.list bigquery.tables.get bigquery.tables.list resourcemanager.projects.get resourcemanager.projects.list	プロジェクト
BigQuery 読み取りセッション ユーザ	roles/ bigquery. readSessionUser	読み取りのアクセスのみ権限を持ちます。	bigquery.readsessions.* resourcemanager.projects.get resourcemanager.projects.list	プロジェクト
BigQuery ユーザ	roles/ bigquery.user	この権限を持つユーザ自身が実行したジョブをリスト表示でき、ユーザ自身のジョブをキャンセルできます。プロジェクト内のデータセットをリスト表示できます。プロジェクト内でデータセットを新規作成できます。データセットを新規作成した場合、新しいデータセットのthebigquery.dataOwnerroleが付与されます。	bigquery.config.get bigquery.datasets.create bigquery.datasets.get bigquery.datasets.getIamPolicy bigquery.jobs.create bigquery.jobs.list bigquery.models.list bigquery.readsessions.* bigquery.routines.list bigquery.savedqueries.get bigquery.savedqueries.list bigquery.tables.list bigquery.transfers.get resourcemanager.projects.get resourcemanager.projects.list	プロジェクト

IAM のベストプラクティス

　BigQuery の IAM 設定ですが、誰を編集可能にするかといった権限を考えることは結構大変です。ここでは、今までの経験から BigQuery の IAM のベストプラクティスを記載します。今後の参考となれば幸いです。

▼ 表4-2：各用途の編集可とするアカウント

レベル	編集可とするアカウント
データ読み込み	管理者、サービスアカウント
手動読み込み	管理者、データ操作担当
加工後	管理者、サービスアカウント
分析	管理者、サービスアカウント
サンドボックス	管理者、ユーザ

 KMSによるデータ保護

　BigQuery のテーブルデータはデフォルトで暗号化されており、高いセキュリティを実現しています。鍵を Key Management Service を使って管理したい場合、GCP の鍵管理のマネージドサービスである Cloud KMS を使うことができます。

● Cloud KMS を利用するメリット

　Cloud KMS を使用することで、暗号鍵を安全に管理でき、秘密鍵を盗まれることや、万が一秘密鍵をキャプチャーされたことでのデータ漏洩を防ぐことができます。
　Cloud KMS で作成された暗号鍵は Cloud KMS 内にのみ存在します。また、過去の鍵の無効化も可能です。
　Cloud KMSは暗号鍵を盗まれる可能性は極めて少なく、万が一盗まれても鍵ローテーションで古い鍵を無効化し、新たな鍵で運用することが簡単に可能となります。

● BigQuery に Cloud KMS を使用する

　BigQuery に Cloud KMSを設定してみましょう。

　Google Cloud コンソールの Cloud KMS 画面を表示し、「キーリングを作成」（Cloud KMS の API が無効の場合は有効にします）をクリックします。

▼ 図4-7：Cloud KMS の鍵作成画面

「キーリングの作成」画面でキーリングの名称を入力し、キーリングのロケーションを選択します。

キーリングのロケーションは、BigQuery のデータセットと同じロケーションを設定します。BigQuery は 現在 global はサポートしていません。

その後、「作成」ボタンをクリックします。

▼ 図4-8：キーリングの作成

「鍵を作成」画面で鍵名を入力し、各項目に指定後、「作成」ボタンをクリックします。

▼ 図4-9：鍵を作成

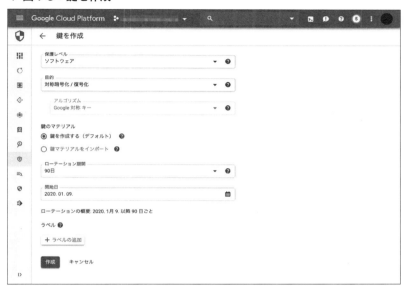

以上の手順で、鍵が作成されます。

▼ 図4-10：キーリングのキー作成後の画面

BigQuery のサービス アカウント ID を確認します。
次ページのコマンドを実行します。

```
$ bq show --encryption_service_account
```

▼ 図4-11：Cloud Shell でコマンド実行

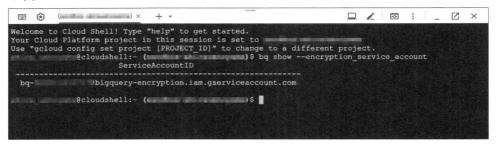

確認したサービス アカウントに Cloud KMS CryptoKey Encrypter/Decrypter の役割を割り当てます。

「キーリングの詳細」画面で情報パネルを表示し、「メンバー追加」をクリックします。

▼ 図4-12：メンバーを追加

「新しいメンバー」に先ほど確認した BigQuery のサービスアカウントを入力します。

▼ 図4-13：メンバーと役割の追加

役割に「クラウド KMS 暗号鍵の暗号化 / 復号化」を選択し、「保存」ボタンをクリックします。

▼ 図4-14：Cloud KMS の役割

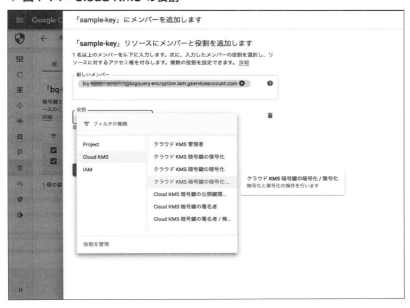

情報パネルの「役割/メンバー」に、「クラウド KMS 暗号鍵の暗号化 / 復号化」が表示されます。

▼ 図4-15：Cloud KMS の役割登録後の画面

「キーリングのキー」のリソースIDをコピーします。

▼ 図4-16：リソースIDのコピー

BigQuery のテーブルに Cloud KMS を使用します。
よく使用するBigQuery テーブル作成時にCloud KMS を適用します。よく使用する

bq mk コマンド、bq query コマンドの例を記載します。その他の例は公式ドキュメントをご参照ください。

▼ bq mk コマンドで空テーブルを作成の場合

```
$ bq mk --schema item_code:integer,sku:string -t \
--destination_kms_key projects/[PROJECT_ID]/locations/asia-northeast1/
keyRings/bq-key/cryptoKeys/sample-key \
itemdata.sampletable
```

▼ bq query コマンドで検索した結果をテーブルに登録する場合

```
$ bq query --destination_table=itemdata.usetable \
--destination_kms_key projects/[PROJECT_ID]/locations/asia-northeast1/
keyRings/bq-key/cryptoKeys/sample-key \
"SELECT table_id FROM itemdata.createdtables WHERE project_id = 'product-
analysis'"
```

これでCloud KMSで保護されたBigQueryテーブルが作成できました。

▼ 図4-17：Cloud KMS で保護された BigQuery テーブル作成

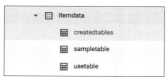

Cloud KMSで保護されたテーブルには、「お客様が管理するキー」に、Cloud KMSのキーリングのキーのリソースIDが表示されます。

▼ 図4-18：テーブルの詳細

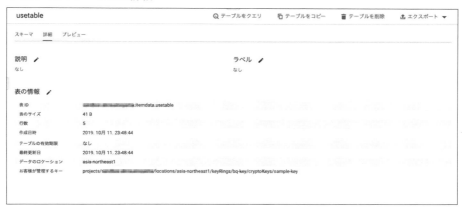

> **Column** BigQueryと機械学習

BigQuery MLを使うとBigQueryの標準SQLクエリを使用してBigQuery上で、機械学習モデルを作成、評価・予測を実行できます。

現在、BigQuery MLは以下のモデルをサポートしています。

▼ 教師あり学習

- 線形回帰モデル：数値の予測に使用します。
- 2項ロジスティック回帰モデル：2つのうちのどちらに分類されるかを予測する場合に使用します。
- 多項ロジスティック回帰（分類）：3つ以上のどれに分類されるかを予測する場合に使用します。

▼ 教師なし学習

- K平均法クラスタリング：データの特徴から複数のグループに**カテゴリ別に分ける（クラスタリング）**場合に使用します。

▼ カスタムモデル

- TensorFlowモデルのインポート：トレーニング済みのTensorFlowモデルをインポートできます。

ここでは、BigQuery ML、機械学習について詳細な説明はしませんが、東京のある店舗について、予想最高気温と前日売上、客数から次の日の売り上げを予測します。

東京S店の2017年1月1日から2019年9月30日の日別売上金額、前日客数、予想最高気温のテーブルをBigQueryにインポートします。

▼ 図C-1：インポートしたテーブルデータ

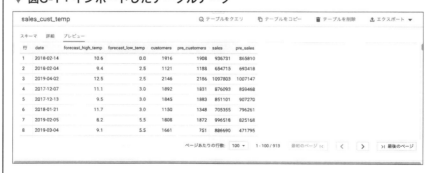

BigQueryでモデルを作成します。モデル作成時の期間指定は、2017年4月1日から2019年8月31日とします。売上金額をラベルとして指定します。

▼ 図C-2：BigQuery MLモデル作成

モデルが作成されると左のテーブル一覧にモデルが表示されます（モデルはテーブルのアイコンと違います）。

▼ 図C-3：BigQueryテーブル一覧のモデル表示

作成したモデルの評価を確認していきましょう。作成したモデルの評価タブを表示します。

▼ 図C-4：BigQuery MLモデル評価

評価は決定係数を確認します。1に近いと精度が高いということです。この評価では、精度は良くないと言えます。本来なら特徴量を増やしたり精度を高めるということを行いますが、ここでは割愛します。

次に、モデル作成時に指定しなかった2019年9月のデータで、モデルの予測の精度を確認します。

▼ 図C-5：BigQuery ML予測SQL

作成したモデルで2019年9月を予測した結果が出力されました。

一番左のpredicted_salesが予測した値、一番右のsalesが実際の値です。図は一部のみの結果ですが、予測が実際の値と近いのか確認し実際の予測に使えるかを判断します。

今回は決定係数0.1996ということで良い結果と言えませんでした。

▼ 図C-6：BigQuery ML予測結果

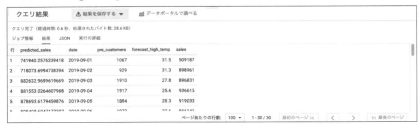

このようにBigQuery MLでは簡単に機械学習が可能です。教師なし学習であるK平均法クラスタリングにも対応し、TensorFlowで作成したモデルのインポートも可能になり、BigQueryの進化は止まりません。BigQueryが機械学習の標準プラットフォームになるのも遠い未来ではないかもしれません。

Column　BigQuery のバックアップ

BigQueryは過去7日分のスナップショットを保持しています。
（削除テーブルは2日間の保持）
以下のようにテーブルデコレータを指定する方法で、過去のスナップショットを指定できます。

▼ 相対値指定

```
Project_ID:Dataset.Table@[-ミリ秒]
```

▼ 絶対値指定

```
Project_ID:Dataset.Table@UNIX時間(ミリ秒)]
```

1日前のテーブルリストアは、bq cp コマンドでリストアしたいテーブルの1日前をミリ秒で指定します。

```
$ bq cp Project_ID:Dataset.Table@-86400000 Project_ID:Dataset.Table
```

データ収集の自動化

BigQueryによる分析方法を学んだらいよいよビッグデータ分析基盤の開発です。この章では周辺サービスと連携しBigQueryにデータを集約する方法や、自動的にデータを加工する方法を具体的な実装例を交えて解説します。

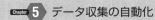

Chapter 5 データ収集の自動化

Data Warehouseの構築

それでマーケティング部の反応はどうだった？

BigQueryで分析するようになってからは、今までが嘘みたいに早く結果が渡せるようになって、本当に喜んでいましたよ！　クエリの結果も問題なかったようなので、対象データを増やせば、オンプレミスのリソースをもっと削減できそうです

それはよかった

先輩が作ってくれたBigQueryへのデータ取り込みバッチのおかげです。手動だともっと時間がかかっていましたから

ああ、そのことなんだけど……

盛り上がってるところすまないけど、2人ともちょっと良いかい？

部長！？　どうされました？

マーケティング部の部長から、君たちの取り組みが非常に高く評価されてね。販売管理部門とマーケティング部門の双方で予算取りして、今の分析基盤を本格的に置き換えるプロジェクトを立ち上げよう、という話になったんだよ

もうそんな話になっているんですか！？

向こうの部長は即決で実行するタイプだからねえ。まあ私も人のことは言えないが。ただ、まだいくつか技術的な課題もあるようだから、プロジェクト化する前に解消の目処がついてから、作業内容を見積もってもらおうと思っているんだ

（課題？　一体何のことかしら……）

先輩、先ほど、部長が課題っておっしゃってましたが……

そうそう、さっき言いかけていたんだけどね。私の作ったBigQueryへの取り込み処理は、ジョブの実行を社内のジョブ管理ツールでコントロールしているのだけど、出力したファイルのバックアップやジョブのリトライ設計、処理時間超過時のアラート配信といった本番運用に必要な機能は、まだ実現できていないの

確かに既存の基盤と置き換えるなら、そこまでやらないと色々と不安ですよね……。でも、その機能を作り込むのは、凄く難しそうです

これからは、そこも全てクラウド化してしまおうと思っているのよ

BigQueryにそんな機能があるんですか？

いいえ。GCPでビッグデータを扱うサービスは他にもあるのよ。様々なサービスを組み合わせることで、初めて本当のデータ分析基盤ができあがるの

第2章 BigQueryによるデータ分析において、手作業で一つずつテーブルをBigQueryに読み込み、それをBIに取り込んで可視化する方法について見てきました。

この章では、手作業ではなく、GCPのマネージドサービスを活用して定期的にバッチ処理を行うことでデータ収集を自動化し、データ分析基盤を構築する方法について解説します。いわゆる**Data Warehouse**の構築です。

データ収集の自動化により、データドリブンな経営に不可欠なデータ分析基盤の構築が可能です。そして、分析基盤に集めたビッグデータをマーケティングに活用するためには、そのデータの質と量を担保する必要があります。質と量を担保されたデータにより、はじめて活きたデータ分析が可能になります（例えば、商品の需要予測、在庫配置の最適化、販売促進など）。

小売業を例にとり、Data Warehouse の構築について、データソースの調査にはじまり、データ分析基盤の構築、それを活用した実際の分析までを見ていきます。

5.1.1 DWH構築の意義

Data Warehouse の構築を検討するに当たって、それによって「そもそも何がしたいのか？ それに必要なデータは何か？ それはどこにあるのか？ どのような手順で取得できるのか？」といったことを考える必要があります。企業規模が大きくなると、それらを調査し意思決定するだけでも大変です。

例えば、商品の需要予測を行い、それに基づいて在庫配置の最適化をしたいと考えた場合、必要なデータは、最低限、売上、在庫、各種マスタ、のデータとなるでしょう。

そして、会社が、これらをオンプレミスのサーバに保持しているのか、あるいはGCP、AWS、Azure、IBM等々のクラウドに保持しているのか、を調査する必要性、また、会社が稼働させているシステムの種類（基幹システム、POSシステム等々）について知る必要があります。

さらには、社内の他部署とのコラボレーションや、所定の手続きも必要となります。

何がしたいのか、それに必要なデータは何か、についてはさらっと書きましたが、実はここがそう簡単でもありません。現在可能なこと、近い将来実現可能なことを前提に、何がしたいのか、それに必要なデータは何かを特定する必要性、要はデータ分析基盤の拡張可能性も考慮する必要があります。この点をキッチリと詰めることはなかなか骨の折れる仕事であり、社内の専門部署（例：デジタル化推進室）が考えを組み立てたり、あるいはマーケティグ関連の部署が外部のコンサルティングを利用することもあるでしょう。

5.1 Data Warehouse の構築

いずれにしても、完璧な準備をして望むことは不可能ですから、前述したように小さく初めて大きく育てるといったスタンスをとり、加えて必要なデータの範囲についてはゴールであるデータ分析の内容、より具体的にはデータポータルに取り込み可視化するのに必要なデータから、様々な統計解析の手法及び昨今避けては通れない機械学習に必要なデータを含むよう、広めに考えるべきでしょう。

5.1.2 アーキテクチャの決定

さて、不確定要素や多くの変数が絡むData Warehouseの構築ですが、将来の拡張可能性等の決めにくい点を見据えつつも、中核となる点を明らかにしつつ、基本方針や利用する技術を選定しなければなりません。ここでは、その中核となりうる構成、すなわち汎用的なアーキテクチャを見ていきます。

まず、アーキテクチャを決めるに当たっての起点です。データ分析に資する基盤を作るのが目的ですから、それを可能にする、

- 散在しがちなデータを一箇所に集めてデータの大きなプールを作る
- ExtractTransformLoad（ETL）を終えた整備されたデータのプールを作る
- 可能な限り自動化する

といった内容が必要です。

ここでは、この内容を具現化するアーキテクチャの一例を示します。本書を手に取った方であれば、GCFに興味を持たれており、Google Cloudがデータ分析基盤作りに有用な多くのサービスを提供していることをご存知と思います。その中から、GCPにおけるデータ分析基盤作成の起点となるGCS、分析基盤の要となるBigQuery、ワークフローをオーケストレーションするCloud Composer、を用いた構成を示します。なお、最後に分析基盤のデータを実際に分析するツールとなるCloud Datalabについて簡単にご紹介します。

◆ 汎用的な構成

実務において多くみられるものに、次のような構成があります。

①AWSのS3からデータをGCSに日次のバッチ処理で転送する
②GCSからBigQueryへデータをLoadし、BigQuery内でこれらデータのTransformする
③これらワークフローのオーケストレーションをCloud Composerに実行させる
④加工されたデータを分析及び予測分類モデル構築に用い、それをマーケター等が事業活動に活用する

その構成図ですが、次のような例を挙げることができます。

▼ 図5-1：DWHアーキテクチャ

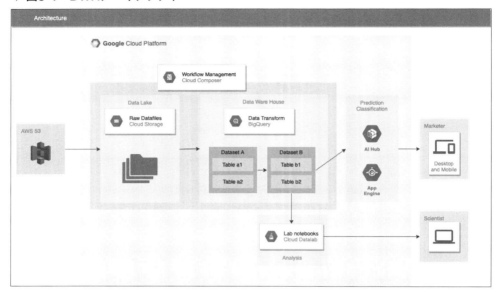

上記構成を実現するに当たって、大切なことが2点あります。

● (1)ETLではなく、ELTとなる

要するに、巨大なデータを先にBigQueryに取り込んでしまい、SQLベースで必要な加工を行おうというものです。①ローデータをそのまま取り込むため、何がノイズであるか否かの判断を後から遂行できる、すなわちデータ分析の文脈に応じて加工内容を変えることができる点、②データを加工する作業がBigQueryの中で完結するので利便性やコストにおいて優位であろう点、が挙げられます。

ELTは、文字通り、'Extract' 'Load' 'Transform'の3要素(3フェーズ)から構成され、それら処理が、左から右に順番に進みます。ただ、ケースにもよりますが、3要素それぞれの重み(作業内容)は同一ではありません。一般的には、Transformの部分がより複雑であり、自動化するにあたって、このフェーズをさらに細分化するなど、工夫が必要になってきます。

Extract	データ抽出
Load	データの取り込み
Transform	データの加工

ETLとELTの相違について、アーキテクチャ及びデータサイエンスの視点から整理すると、データサイエンスに資する工夫の必要性が見えてきます。ELTアーキテクチャ

5.1 Data Warehouse の構築

を採用する場合、プコグラミング言語に左右されず、SQLベースの加工で対応できるため、その意味で利便性が高いかもしれません。データドリブンな事業展開を目指すためのデータ分析基盤構築ですから、保有する情報を可能な限り毀損しないようにする点は、いずれの方法を取るにしても注意する必要があります。

視点	ETL	ELT
アーキテクチャ	・ローデータをGCSに保存 ・Dataflowによる加工 ・BigQueryに格納	・ローデータをGCSに保存 ・加工せずにBigQueryに格納
データサイエンス	・加工後のデータがDBに保存されるため、情報の毀損がないか、Dataflowにおける加工内容に注意する必要がある。	・ローデータを加工なしにDBに保存するため、情報の毀損はない。 ・BigQuery内で、SQLで加工する。

＊「ローデータ」とは、未加工の生データを意味します。

連携するデータファイルのフォーマットやデータ型についての検討も重要です。この点については後述します。

● (2) 日付別テーブルとパーティションテーブルの活用

BigQueryでは分割テーブル(パーティショニング)及びシャーディングがサポートされています。一般的に、データを日次でソースから連携する場合、最初にソースの既存テーブル全てを連携し、その後、日次で差分データを連携するケースが多いと思います。この場合、一案として、次のようなテーブルの持ち方が考えられます。すなわち、

a：トランザクション及びマスタの全てのテーブルについて、一旦日付別のテーブル(シャーディング；[PREFIX]_YYYYMMDD)として蓄積する。

b：次に、トランザクションについては、日次で連携されるテーブルのデータ量が大きいので、分割テーブルとした1つのテーブルに、日次の連携データを追加していく。

c：マスタ系のテーブルについては、日次で連携されるテーブルのデータ量がそれほど大きくはないので、1つのテーブルに、単に日次の連携データを追加していく。

といったものです。

▼ 図5-2：日付別テーブルと分割テーブル

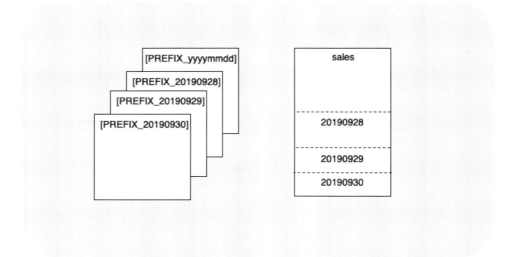

　これにより、①後々のデータ検索が簡便になる点、②データ検索時にスキャンする対象を制限できる点、③ELT処理に資するテーブルの持ち方をする点、等が利点として挙げられます。

パーティショニング		シャーディング
取り込み時間分割テーブル	分割テーブル	
データを取り込んだ（読み込んだ）日付またはデータが着信した日付に基づいて分割されたテーブル	TIMESTAMP 列または DATE 列を基準にして分割されたテーブル	[PREFIX]_YYYYMMDD などの時間ベースの命名方法を使用したテーブル

　詳細は、以下のURLを参照してください。

https://cloud.google.com/bigquery/docs/partitioned-tables?hl=ja

Chapter 5 データ収集の自動化

5.2 データソースとGCPの連携

私が作ったBigQueryへの取り込み処理の改修について、内容は把握はできた？

改修内容はわかったんですが、素朴な疑問があります。bqコマンドでオンプレミスから直接BigQueryにロードしていた処理をやめて、出力ファイルを一旦Cloud Storageというストレージサービスに移すようになりますが、その意図って何なんでしょう？

良い質問ね。そういう質問が出てくることにあなたの成長を感じるわ

ありがとうございます

まず1つに、サーバ管理者から連携用のファイルを今後も出力し続けていくとディスク領域が逼迫しそうだ、という連絡を受けていてね。バックアップについても考えていなかったし、外部ストレージに退避するくらいなら、クラウドのストレージサービスに移してしまえばデータが消失する心配は限りなく低くなるわ

データの保管についてきちんと考えると、どうしてもコストがかさみますからね

2つ目に、EC事業部で管理しているECサイトも、今後GCPに移行するという話が出ていてね。まずは過去ログを全てCloud Storageに移すって話がでているのよ。ここまで聞いたら、情報源を一箇所に纏めるのが自然な流れだとは思わない？

そういう話も出ているんですね。色んなデータがCloud Storageに集約されていると、利用の幅も広がりそうですね

そうなの。Cloud Storageはどこからでも参照可能で、オブジェクトの作成や削除といった変更通知イベントを受け取って、他のGCPサービスと連携することもできるわ。何より、保存できるデータ容量に制限がないから、容量の逼迫に今後頭を悩ませる必要はなくなるわね

サーバ管理者もこれで安心ですね

データの保護や保存のような部分はクラウドに任せてしまって、私達は本来やるべきデータ分析基盤に注力しましょう

　データソースについては、大別して、必要なデータを格納したデータベースが、オンプレミスのサーバに存在する場合とクラウドに存在する場合があります。ご承知のように、実に様々なサーバやソフトウェア、そしてサービスが使われています。
　ただ、いずれの場合も、必ずしもデータ分析に適した環境ではないこともあり、最近では、これらのサーバに存在するデータ群を、データ分析に優れた環境であるGCPに移行する動きが活発化しています。
　ここでは、前述した「汎用的な構成①」に対応したGCPのサービスを紹介しつつ、データソースからGCPへ連携する方法について見ていきます。

5.2.1 データソースからGCSへの連携

Storage to Storage

　バッチ処理によるファイル連携において頻用される方法が、ストレージからストレー

ジへのファイル連携です。一般的に、ストレージは、データの種類を問わず、巨大なデータを保存することができ、クラウドサービスであれば、世界中のどこからでも、そのデータにアクセスすることが可能です。その意味で、クラウドサービスにおいては、ストレージが外部リソースから連携する際の起点となっていることが多いようです。実際、GCPのストレージサービスであるGCSは、次のようなサービスであると述べられています。

Cloud Storage では、世界中のどこからでも、いつでもデータを保存、取得できます。データの量に制限はありません。ウェブサイト コンテンツの提供、アーカイブと障害復旧のためのデータの保存、直接ダウンロードによる大きなデータ オブジェクトのユーザへの配布など、さまざまなシナリオで Cloud Storage を使用できます。

---

https://cloud.google.com/storage/docs/?hl=ja

● gsutil

前述のように、AWSのS3からGCSへの連携は、昨今よく見られる方法ですが、このS3との連携方法の一つとして挙げられるのが、gsutilを利用したデータの転送です。方法は複数あり、代表的な方法は次の通りです。

■ コマンドを実行するVM等の準備

コマンドを実行する環境として、AWSのEC2やGCEのインスタンスを用意します。これらに、Cloud SDKをインストールし、gsutilコマンドを実行できるようにします。

加えて、gsutil の .boto 構成ファイルに、S3へアクセスするための認証情報を追記する必要があります。以下のような追記がなされると、gsutil を使用してS3バケット内のオブジェクトを管理することができるようになります。

```
aws_access_key_id = ACCESS_KEY
aws_secret_access_key = SECRET_ACCESS_KEY
```

● gsutil rsync

rsyncコマンドは、ソースディレクトリとデスティネーションディレクトリのファイルやオブジェクトを同期するコマンドです。

Amazon S3 バケットと Cloud Storage バケット間でデータを同期するコマンドの例は、次の通りです。

```
$ gsutil rsync -d -r s3://my-aws-bucket gs://example-bucket
```

-d；ソースディレクトリに存在しないファイルやオブジェクトを、デスティネーションディレクトリから削除するオプションです。
-r；ソースディレクトリ内に再帰的なディレクトリが存在する場合に（サブディレ

クトリなど)、その内容をも同期するオプションです。
＊詳細は、以下のURLを参照してください。
https://cloud.google.com/storage/docs/interoperability?hl=ja

● gsutil cp

cpコマンドは、ソースディレクトリのファイルやオブジェクトを、デスティネーションディレクトリにコピー(複製)するコマンドです。

Amazon S3バケットのファイルやオブジェクトを、Cloud Storageバケットにコピーするコマンドの例は、次の通りです。

```
$ gsutil cp -m -r s3://my-aws-bucket gs://example-bucket
```

-m ; ソースディレクトリに多数のファイルやオブジェクトがある場合に、このオプションをつけると、コピーを並列実行(multi-threaded/multi-processing)します。
-r ; デスティネーションディレクトリ内に再帰的なディレクトリが存在する場合に(サブディレクトリなど)、その内容をもコピーするオプションです。

Storage Transfer Service

もう一つの方法が、「Migration to GCP」というカテゴリーに属する「Storage Transfer Service」です。これにより、S3からGCSへデータの転送をすることが可能です。

この方法は、データを転送するという意味では、前述のgsutilコマンドと同じですが、次のように、転送を定期実行するオプションが用意されています(引用元から抜粋)。

- 1回限りの転送オペレーションまたは定期的な転送オペレーションをスケジュールする。
- 転送先バケット内に存在しているオブジェクトのうち、転送元に対応するオブジェクトがないものを削除する。
- 転送したソース オブジェクトを削除する。
- ファイル作成日、ファイル名フィルタ、データをインポートする時刻に基づいた高度なフィルタを使用して、データソースからデータシンクへの定期的な同期をスケジュールする。

(引用元 https://cloud.google.com/storage-transfer/docs/overview?hl=ja)

2者のどちらを使用するべきか？

GCPにおいては、次のような選択判断が推奨されています(引用元から抜粋)。
gsutil か Storage Transfer Service のどちらを使用するかを決めるときは、次のルー

ルに従ってください。
①オンプレミスのロケーションからデータを転送する場合は、gsutil を使用します。
②別のクラウド ストレージ プロバイダーからデータを転送する場合は、Storage Transfer Service を使用します。
③それ以外の場合は、具体的な状況を勘案して両方のツールを評価してください。

（引用元　https://cloud.google.com/storage-transfer/docs/overview?hl=ja）

5.2.2 GCSからBigQueryへ

それでは続いてGCSからBigQueryにデータを読み込む方法について見ていきましょう。

GCS→BigQuery

特に他のGCPのサービスを用いることなく、GCSからBigQueryにファイルを直接読み込む方法です。

▼ 図5-3：GCS→BigQuery

具体的な読み込み方法としてはBigQueryのコンソール画面でGCSのオブジェクトを指定する方法や2章でも述べた様にbq loadコマンドを利用する方法があります。
　bq loadコマンドを用いる場合、読み込み元のデータファイルにGCSのオブジェクトを指定するだけで簡単にデータを読み込みことができます。

▼ 例

```
$ bq load \
  --source_format=CSV \
  emp.table \
  gs://emp.csv \
  id:string, name:string, group_id:string
```

GCS→Google Cloud Functions→BigQuery

先にあげた方法では、GCSにアップロードされたファイルを読み込むのにはユーザが読み込み操作を行う必要があります。ファイルのアップロード完了をトリガーとして自動的にBigQueryへの読み込みを行いたい場合はGoogle Cloud Functions（GCF）を

利用します。

▼ 図5-4：GCS→Google Cloud Functions→BigQuery

この構成のポイントは、GCFはあくまでBigQueryに対してGCSからの読み込みの通知を指示するだけの役割に徹していることです。

GCFでGCS上のデータを読み込んだ上でBigQueryに投入するように構成すると、必要に応じてGCSのファイルを加工しながらBigQueryにデータを投入することもできますが、GCFのタイムアウトやメモリー制限の影響を受けてしまうことがあるので適切な構成であるとは言えません。GCS上のデータを加工した上でBigQueryに読み込ませたい場合は、後述するCloud Dataflowを利用してみてください。

▼ 図5-5：GCS→Google Cloud Functions→BigQuery

BigQueryにCSVファイルのロードを指示するサンプルコードを以下に示します。下記のmain.py（Python3形式）とrequirements.txtを適当なディレクトリに作成してください。

▼ main.py

```
import os
from google.cloud import bigquery

# GCPのプロジェクトIDを指定
PROJECT_ID = os.getenv('GCP_PROJECT')
# 読み込み先のBigQueryのデータセット名を指定
BQ_DATASET = '[データセット名]'
# 読み込み先のBigQueryのテーブル名を指定
BQ_TABLE = '[テーブル名]'

def bq_load_from_gcs(event, context):
```

```
# BigQueryのクライアント生成
client = bigquery.Client()
# データセットとテーブルを指定
table_ref = client.dataset(BQ_DATASET).table(BQ_TABLE)

# 読み取りジョブの設定
job_config = bigquery.LoadJobConfig()
# スキーマの自動検出を有効にしたい場合はTrueを指定する
#job_config.autodetect = True
# 既存のデータは上書きする（注）
job_config.write_disposition = bigquery.WriteDisposition.WRITE_TRUNCATE
# フォーマットはCSV(デフォルト)を指定
job_config.source_format = bigquery.SourceFormat.CSV
# 最初の1行はヘッダ行として読み飛ばし
job_config.skip_leading_rows = 1

# CSVデータの読み込み元バケットを設定
uri = 'gs://' + event['bucket'] + '/' + event['name']

# 読み込みジョブの実行
load_job = client.load_table_from_uri(
    uri,
    table_ref,
    job_config = job_config
)
print('Starting job {}'.format(load_job.job_id))
```

▼ 参考

https://cloud.google.com/bigquery/docs/loading-data-cloud-storage-csv

> **Note**
>
> bigquery.WriteDisposition.WRITE_APPEND と指定すると、データを上書きで
> はなく追加することができます。しかしこの場合冪等性（何回同じ処理が行われても
> 同一の結果となること）が保証されず、Cloud Functionsの関数が複数回呼び出され
> た際（Cloud Functionsの関数は複数回呼び出される可能性があります）はデータが
> 重複して追加されてしまいます。既存のデータを上書きすることなくデータを追加
> したい場合はパーティションテーブルを利用することを推奨します。

▼ requirements.txt

```
google-cloud-bigquery==1.20.0
```

Cloud ConsoleでGoogle Cloud Functionsを有効にした上で、2つのファイルを置いたディレクトリで下記のコマンドを実行し、GCSからBigQueryにデータをロードするPythonのコード(main.py)をGoogle Cloud Functionsにデプロイしてください。--trigger-bucket オプションを指定することで、指定したバケットにファイルのアップロードが完了した時点で自動的にBigQueryへの読み込み処理(--entry-pointオプションで指定する関数bq_load_from_gcs)が実行されるようにします。

```
$ gcloud functions deploy bq-load-from-gcs \
    --entry-point=bq_load_from_gcs \
    --region=us-central1 \
    --source=. \
    --runtime=python37 \
    --trigger-bucket=[CSVファイルをアップロードするGCSバケット名]
```

デプロイ完了後、指定したGCSのバケットに対象のテーブル形式に即した形式のCSVファイルをアップロードすると自動的にBigQueryのテーブルにデータがロードされます。

GCS→Cloud Composer→BigQuery

GCSに置かれたデータBigQueryに読み込むのは一回だけとは限らず、データを定期的に読み込みたい、条件に従ってデータの読み込みタイミングを制御したい、さらには複数のデータソースからの読み込みの順序を制御したい、というケースも多いかと思います。そのような場合はGCPが提供するデータ処理のためのワークフローエンジンであるCloud Composerを利用すると良いでしょう。

Cloud Composerはオープンソースの Apache Airflow を元として構築されており、Pythonで記述されたデータ処理のワークフロー定義ファイル(DAGファイル)を利用することで、データの読み込み順序やタイミングを考慮に入れた複雑な読み込み処理を実行することができます。

▼ 図5-6：GCS→Cloud Composer→BigQuery

Cloud Composerについては**5.4　ワークフローのオーケストレーション**で詳細に説明します。

GCS→Cloud Dataflow→BigQuery

先述した通り、本書ではデータを予め加工せずにBigQueryに投入してからSQLで加工するELT（Extract：抽出→Load：取り込み→Transform：加工）のフローを基本としていますが、場合によってはデータを加工してからBigQueryに投入するETL（Extract：抽出→Transform：加工→Load：取り込み）のフローを採用したいこともあるかと思います。その様な場合、GCPの提供するCloud Dataflowを用いると良いでしょう。

▼図5-7：GCS→Cloud Dataflow→BigQuery

Cloud Dataflowはオープンソースの分散データ処理フレームワークApache Beamを元に構築されており、様々なデータソースに対するデータの読み書きおよびユーザが望む加工処理をJava, Python, Go言語で記述することができます。Cloud Dataflowの実行環境はGCPによって管理されており、大規模なデータに対してはデータ処理に用いる稼働インスタンスが自動的にスケールするようになっています。

また先述したCloud Composerによるデータ読み込み制御とCloud Dataflowの読み書き＆加工処理を組み合わせることも可能です

▼図5-8：Cloud ComposerとCloud Dataflowの組み合わせ

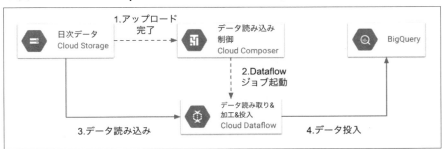

さらにCloud DataflowはGCSやGCPの提供する各種のデータベースサービスなどの固定的なデータソースから一括でデータを読み書き＆加工するバッチ処理だけでなく、時々刻々とデータが送られてくるストリーミングデータに対する処理にも対応しています。

ストリーミングデータに対するデータ処理については「6. ストリーミング処理でのデータ収集」で後述します。

5.2.3 BigQuery Data Transfer Service

ここまでGCSからBigQueryにデータをロードする方法をみてきましたが、Amazon（AWS）のS3に大量のデータがある場合、**5.2.1 データソースからGCSへの連携**で説明した通り、一旦S3からGCSにデータを転送した上でBigQueryにデータを読み込む方法がまず考えられますが、GCPに用意されたBigQuery DataTransfer Service for S3を利用するとAmazon S3から直接BigQueryにデータを読み込むことができ、データ転送の手間やGCSのバケット料金を節約することができます。

▼ 図5-9：BigQuery Data Transfer Service for S3

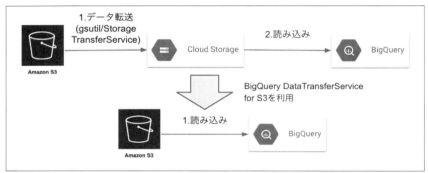

BigQuery Data TransferServiceはGCPの中で、「Migration to GCP」というカテゴリーに属するサービスです。Amazon S3以外にもGoogle PlayやGoogle広告のデータを直接BQに読み込むことができます。本書執筆時点での2019年10月時点ではAmazon S3からの読み込みはまだベータ版である点には注意してください。

Chapter 5 データ収集の自動化

5.3 BigQuery内でデータをTransformする

新しく連携するテーブルも増えたから忙しくなってきたなあ……って言ってるそばからロードに失敗してる！

どうしたの？

試験的にBigQueryにロードした連携予定のテーブルに、どうやら問題があるみたいで……

エラーはどう出てる？

えーっと……あ、どうやらデータの変換に失敗しているようですね。日付列におかしなデータがあるみたいです

ああ、なるほど。月日に存在しない値が入っているようね。文字列のようだし、きっとプログラムで何らかの意味を持たせているんでしょう

他にもいくつか失敗しているみたいなので、もっとデータの見直しをしないといけませんね

そのようね。今まで私たちが扱ってきたのはマスタテーブルだったけど、これからはトランザクションテーブルが対象範囲になったことも大きいと思うわ。トランザクション系テーブルは、仕様を満たすために一般的ではないデータの持たせ方をしたり、仕様を変更して設計とは違うデータの持たせ方に変えたりする場合があったりするの。特に、基幹のような十数年も使っているようなシステムだとなおさらね

テーブルによっては項目が多いので、かなり苦労しそうです……

これからデータを綺麗な状態にしていく必要があるのだけれど、分析の目的を正しく認識した上で既存の分析も意識する必要があるから、気をつけてね。エラーが出ないようにすれば良いわけではないの

『分析のための分析』も必要ということですね。何だか気が遠くなってきました

同感ね

　ここでは、前述した「汎用的な構成②」について、BigQuery内でデータをTransformする方法を見ていきたいと思います。基本的には、BigQueryが採用した標準SQL及びその利点を駆使して、データをTransformする方法をご紹介します。

5.3.1 ファイルフォーマット

　「汎用的な構成」の項で触れましたが、S3からGCSへデータを連携するにあたって、最初に決めておく必要がある点に、どのようなファイルフォーマットで連携するのかという点があります。フォーマットによるメリットデメリットもあるので、その点を踏まえて決める必要があるでしょう。頻用されるファイルフォーマットとして、CSVファイルを挙げることができますが、BQにおいても、データを読み込む場合のデフォルトのソース形式はCSVとなっています。CSV以外には、次のフォーマットがサポートされています。

- Avro
- CSV
- JSON（改行区切りのみ）
- ORC
- Parquet
- Cloud Datastore エクスポート
- Cloud Firestore エクスポート

ここでは、CSVファイルを連携するという前提で話を進めていきます。

なお、「ファイルフォーマット」は一般的に、ファイルの保存形式を指しますが、ここでは、「各ファイルに格納されたデータのフォーマット」の意味で用います。私達が頻用するものにCSVファイル（@@@@.csv）があります。これは、comma-separated valuesの略称であり、カンマ「,」で区切ったテキストデータを指します。

5.3.2 Schema

 カラムとデータ型

さて、CSVファイルによりテーブルデータを連携するとして、そのファイルに含まれるカラムとデータ型を、BigQueryに作成するテーブルに取り込めるよう、テーブルのスキーマを作成する必要があります。

その際に、様々なRDBのデータ型と、BigQueryに取り込み可能なデータ型の整合性を検討する必要があります。

● 売上等の金額を表現するカラム

例えば、小売業において売上や原価等の金額に関するデータは非常に重要なものです。それゆえ、一般的には精度の高い正確な数値を表現できるデータ型を用います。一例を挙げると、マイクロソフトが提供するRDBMSである SQL Server では、小数点以下の正確な値が要求される金額に関する計算を行う用途に向けて、money、smallmoneyというデータ型が用意されています。decimal型やnumeric型の使用も可能ですが、カラム数の多いテーブルの中で、そのカラムが金額を現すことを明示するためには、money、smallmoneyというデータ型を採用するのが賢明でしょう。

さて、それでは、BigQueryにおいて、これを取り込む場合に、どのようなデータ型を用いることができるでしょうか。上記money、smallmoneyに対応可能なデータ型としては、FLOAT64、NUMERICが挙げられます。

しかしながら、FLOAT64（浮動小数点型）を用いた場合、浮動小数点の値は精度の高い値ではなく、小数部分のある近似値となってしまい、適切ではない可能性が出てきます。これに対して、NUMERICデータ型を採用した場合、10進38桁の精度と 10進

9桁の尺度の正確な数値となり、目的に沿ったデータ型となります。実際、BigQueryのドキュメントでも、「この型は、小数部分を正確に表すことができ、財務計算に適して」いるとされています。

▼ 参照元

https://cloud.google.com/bigquery/docs/reference/standard-sql/data-types?hl=ja#numeric-type
＊「精度」は全体の桁数、「尺度」は小数点以下の桁数を指します。

● ID等の識別を表現するカラム

どのような種類のテーブルにも出現するのが、ID等の識別を表現するカラムです。これらのカラムは、数値のみで表現されるケースと数値及びアルファベット等の組み合わせで表現されるケースに大別できるでしょう。

普通に考える限り、前者は整数型、後者は文字列型で表現されるはずです。ところが、システム開発の経緯や運用における諸事情により、内容としては整数型であるものの、データ型は文字列といったケースもまま見受けられます。この場合、GCSからBQへのデータの取り込み時に、一気に整数型へ変換したいといった要望が出る場合もあるでしょう。

ところが、いわゆる正規化されたDBの場合、そのDB内の1テーブルの1カラムを変えただけで、他の複数のテーブルに影響が出る場合があります。当然、その影響範囲を精査した上でデータ型を決めないと、後々多数のテーブルを結合し1つの大テーブルを作成して（非正規化）、それをデータ分析に活用しようとする場合、そこでテーブル同士が紐付かない、という問題に突き当たってしまいます。

また、一見内容としては整数型のカラムに見えたものが、実は、一部文字列が混在していたといったケースもあります。この場合には、何も対策を講じなければエラーが出てしまいます。SAFE_CASTを用いる方法もありますが、オリジナルデータの内容を確認せずに全てNULLとするのは、データ分析に資する基盤づくりという観点からは、慎重に検討する必要があるでしょう。

● 日付を表現するカラム

この日付を表現するカラムも、どのような種類のテーブルにも出現するカラムと言えます。ただ、日付という抽象度からすると、対応するデータ型は実に多様です。BigQueryに用意されているデータ型を列挙するだけでも、次の種類があります。

データ型	説明	範囲
日付型（DATE）	論理カレンダー日を表します。	0001-01-01 ～ 9999-12-31
日時型（DATETIME）	年、月、日、時、分、秒、およびサブ秒を表します。	0001-01-01 00:00:00 ～ 9999-12-31 23:59:59.999999
タイムスタンプ型（TIMESTAMP）	マイクロ秒の精度で、絶対的な時刻を表します。	0001-01-01 00:00:00 ～ 9999-12-31 23:59:59.999999 UTC

加えて、実際のテーブルでは、年月日が文字列型で入力されているケースもまま見受けられます。この場合、前述のIDと同様に、例えば年月日の表現にふさわしくない表現、例えば、日付型（DATE）の範囲（0001-01-01 ～ 9999-12-31）を超える値が入力されているケースもあります。それゆえ、データの一部をざっと眺めた上で、文字列型の日付のカラムを日時型に変換しようと試みても、エラーが返ってきてしまった、といった事態に遭遇することもあるでしょう。

このような事態を回避するための作業が、後述するクレンジングです。実際の事業において収集されるデータは汚れていることが大半であり（Messy data）、これをデータ分析に有用な状態に整えていく作業がクレンジングであり、データ分析基盤構築のための要の一つと言えます。

以上の点を踏まえ、データのLoadの段階では、オリジナルデータの質や量を損なわぬよう、可能な限りそのまま取り込むスキーマを用意するのが得策です。

例えば次のようにJSONでスキーマ定義する場合、sales_numberやsales_dateを、文字列で取り込みます。

```
[
  {
    "mode": "NULLABLE",
    "name": "sales_number",
    "type": "STRING"      <- 文字列のまま取り込む
  },
  {
    "mode": "NULLABLE",
    "name": "sales_date",
    "type": "STRING"      <- 文字列のまま取り込む
  },
  ...
]
```

スキーマの自動検出

前述した**コラム：スキーマの自動検出は万能？**（54ページ）にあるように、BigQueryには、スキーマの自動検出という便利な機能があります。もちろん、支障がなければ本番環境でも利用可能ですが、DWH構築にあたっては、厳密にデータ型を決めたスキーマを用意することが大半でしょう。

Chapter 5 データ収集の自動化

5.3.3 クエリ

スキーマを適切に定義し、第一段階として、BigQueryへローデータを取り込めたら、次に検討を要するのが、各種テーブルのデータを加工するために必要なクエリです。DWH構築という目的から大別すると、次の3つが想定されます。

①取り込んだ各テーブルのクレンジングを目的とするクエリ
②分析の起点となる大テーブルを作成するためのクエリ（履歴テーブル作成と結合テーブル作成）
③データ分析の目的に沿って、起点となるテーブルを複数掛け合わせるためのクエリ

もちろん、この分け方に限定されるものではありません。データ分析の目的や実現可能性に沿って、柔軟に対処する必要があります。

▼ 標準 SQL データ型

https://cloud.google.com/bigquery/docs/reference/standard-sql/data-types?hl=ja

▼ 標準 SQL の変換規則

https://cloud.google.com/bigquery/docs/reference/standard-sql/conversion_rules?hl=ja

5.3.4 クレンジング

①のクレンジングですが、これもその内容は多岐に渡り、手法や手順も様々です。ここでは、その手法や手順の一例を挙げます。

1. NULL及び空文字を、分析目的に沿ったデータに変換します。ここは、分析目的によっては、欠損値の補完に関連する場合があります。
2. 不正な値を除去、あるいは分析目的に沿って置換します。ここも、分析目的によっては、欠損値の補完に関連する場合があります。なお、そもそも論として、不正値の存否をどのように確認するのか、という問題があります。数百から数千行程度のサンプルを眺めても、その中に不正な値が含まれるか検証できるとは限らないでしょう。それゆえ、開発段階で、不正値の存否を検証可能な程度のデータ量を取得し、設定したデータ型でエラーが出ないか検証する必要があるかもしれません。
3. 文字列型データを、分析目的に沿ったデータ型に変換します。その際に、文字列データを分解し、変換先のデータ型に沿うように再構築する必要があります。
4. 前述のように、事業における金額に関するデータは非常に重要であるため、変換元のデータ型を確認し、変換可能かつ適切なデータ型、例えばNUMERICに

変換します。ただ、厳密さを求められない場合は、FLOAT64も検討します。

＊BigQuery にデータを読み込むとき、またはデータのクエリを実行するときに、データサイズに応じて料金が発生します。FLOAT64に変更すると、データサイズはNUMERICの半分になるという利点があります。

---

https://cloud.google.com/bigquery/pricing?hl=ja#data

データ型	サイズ
INT64/INTEGER	8 バイト
NUMERIC	16 バイト

5. 日時型（DATETIME）あるいはタイムスタンプ型のどちらを採用すべきか検討する必要があるケースがあります。第4章でご紹介したように、BigQueryには「パーティション分割テーブル」というデータの管理や照会をより簡単に行うことができ、かつクエリのパフォーマンスを向上させるテーブルの作成が可能です。ただ、このテーブルを作成する場合、分割に用いる列はDATE型あるいはTIMESTAMP型のいずれかである必要があります。それゆえ、分割基準となるカラムのデータ型を、2つのいずれかにする必要があります。

具体的なクエリの例として、ここでは上記 **3.** の課題に相当する売上明細テーブルの売上日を取り上げます。この売上日カラムが文字列であった場合、そこに予期しない日付データが混入する可能性があります。前述の日付型（DATE）の範囲を外れた値、例えば、'20109999' といった値が混入している場合です。この場合、次のサンプルクエリの方法でエラーを回避することができます。なお、範囲を外れた値は除外されて集計されるので、その要否を検討する必要があります。

```
SELECT
    item_code, # 商品コード
    item_name, # 商品名
    sales_category, # 商品分類
    department_code, # 部門コード
    store_code, # 店舗コード
    sales_date, # 売上日
    sales_quantity # 販売数量
FROM
    dwh.sales
WHERE
    SAFE.PARSE_DATE("%Y%m%d" , sales_date) IS NOT NULL
```

前述のように、本書では、ETLではなく、ELTの順番による方法をご紹介しています。それゆえ、BigQuery内でのクエリを活用したクレンジングのご紹介となります。実ケー

スに応じて、ETLが妥当な場合もあり、クレンジング用のサービスやスクリプトを作成して作業に当たる場合もあります。

5.3.5 履歴テーブル作成

　次に、②の「分析の起点となる大テーブルを作成するためのクエリ」です。このクエリを作成するにあたっては、事業者の保有するシステムやデータは、必ずしもデータ分析に資する形で開発維持されていない、という点を考慮する必要があります。よく見受けられるのが、事業の現場に必要な範囲内でしかデータを保有しないケースです。例えば、在庫については、事業遂行という視点のみからすれば、前日時点のデータさえあれば良いと考え、対象のテーブルを毎日洗い替えしてしまい、過去の履歴は一切持たない、といった場合もあります。この場合、在庫についての履歴データがないため、過去のデータを分析しようにも、そもそも対象となるデータが存在しない、ということになります。それゆえ、売上のデータのみではなく、過去のある時点やある期間の在庫データも含めてデータ分析をしたいと考える場合、新たに、BigQuery上で在庫の履歴データを保持する必要が出てきます。その方法の一例として、

- fromDate
- toDate

といったカラムを追加し、日々の差分データを積み上げていく、といった工夫が必要になるでしょう。もちろん、在庫データ以外にも、マスタ系のデータ等、履歴型で積み上げていないテーブルが存在する場合、これらについても、同様の手法で、新たに、BigQuery上で在庫の履歴データを保持する必要が出てきます。

　以下は、日々の差分データを履歴テーブルへ積み上げる例です。

```
MERGE
  master.department T
USING
  cold.department_20190101 S
ON
  (T.department_code = S.department_code)
  WHEN MATCHED THEN
    UPDATE SET
      department_code = S.department_code, # 部門コード
      department_name = S.department_name, # 部門名
      division_code = S.division_code, # 課コード
      start_date = S.start_date, # 部門開設日
      end_date = S.end_date # 部門閉鎖日
  WHEN NOT MATCHED THEN
    INSERT
```

```
  (
    department_code, # 部門コード
    department_name, # 部門名
    division_code, # 課コード
    start_date, # 部門開設日
    end_date # 部門閉鎖日
  )
  VALUES (
    S.department_code, # 部門コード
    S.department_name, # 部門名
    S.division_code, # 課コード
    S.start_date, # 部門開設日
    S.end_date # 部門閉鎖日
  )
```

5.3.6 分析目的に沿ったテーブルの作成

さらには、このように履歴型として積み上げた各テーブルを、分析に資するよう、必要な数だけ結合(JOIN)する必要が出てくるでしょう。その結合の仕方も、まさに分析に沿ってなされるはずです。事業用途向けに作成され、RDBとして多くは正規化された数多くのテーブルから、必要なテーブルを探し出し、分析目的に沿った結果が算出できるような起点となる大テーブルを作成すべく、複数テーブルの結合をすることになるでしょう。

◆ WITH句の有用性

データをTransformするにあたって、複数のテーブルを結合(JOIN)することがあります。多い場合には、数十テーブルに及ぶ場合もあり、その結合に加えて、クエリが複雑になる場合もあります。

その際に、メインのクエリの前提として、サブクエリが登場しますが、これをWITH句内のクエリで行うことで、クエリの見通しをよくすることができます。加えて、複雑なクエリをWITH句を用いて分解して、読みやすくすることもできます。

https://cloud.google.com/bigquery/docs/reference/standard-sql/query-syntax?hl=ja

Chapter 5 データ収集の自動化

5.4 ワークフローの オーケストレーション

Cloud Storageにファイルを送った後のジョブ管理には、Cloud Composerというサービスを使うんですね

ええ。Apache Airflowという、ジョブワークフローのスケジューリングや監視を行うオープンソースプラットフォームがあるのだけれど、Cloud Composerはそのフルマネージドサービスよ。社内のジョブ管理ツールは前々からUIが使いにくいと思っていたし、利用申請も面倒だったから、これでようやく解放されるわ

（色々あったんだろうなあ）
ところで、ふと思いましたが、Googleは独自のコアテクノロジー以外にオープンソースのフルマネージドサービスも提供しているんですね

フルマネージドなサービスを提供するだけではなく、最近では、確かに最近オープンソース企業と協業を進めていて、連携を強めているわね。これからはもっとエンタープライズな要件で移行しやすくなるんじゃないかしら。それはそうと、あなたはDAGは知ってる？

……えっと、DOG？

……どうやら知らないようね。AirflowはDAGと呼ばれるグラフ理論をベースとした考え方を基に、タスクの集合をスケジューリングしてワークフローを実現しているの

グラフ理論……なんか難しそうですね

そんなことはないわ。Airflow DAGはそれほど難しくなくて、処理の実行順をPythonで直感的に記述できるし、綺麗に可視化されるのよ

Pythonは機械学習プログラミングでよく聞く言語ですね。興味はあったので、これを機に勉強してみようかな

依存関係の解決やリトライ、実行状況のモニタリングなどの難しいことはAirflowがやってくれるの。Cloud ComposerならDAGの保管からGoogle Kubernetes Engineによる冗長構成まで全て自動で提供してくれるのよ

だんだん使ってみたくなってきました！

　これまで、データ分析基盤の要となる作業について、順を追って見てきました。ただ、最終的には、これら作業を自動化した、より実用性の高い基盤構築を行い、効率的な運用を行う必要があります。そこで、ここでは、前述した「汎用的な構成③」に対応したGCPのサービス、すなわちワークフローをオーケストレーションするツールであるCloud Composerについて見ていきたいと思います。

5.4.1　Cloud Composerとは？

　「Cloud Composerは、ワークフローをオーケストレーションするツールである」と書きましたが、これではピンとこない方がいるかもしれません。そこで、読者の方の理解に資するよう、開発の経緯と何をするツールであるのかについて、AirbnbのMaxime Beauchemin氏のブログを紹介しつつ見ていきたいと思います。

▼ 参照元

https://medium.com/airbnb-engineering/airflow-a-workflow-management-platform-46318b977fd8

開発の経緯

　当サービスのベースとなっている、Apache Airflowですが、そのはじまりは、著名なベンチャー企業であるAirbnbのMaxime Beauchemin氏による開発着手です。サービスを開発する現場において、多くのバッチ処理を書かざるを得ないこと、その間には依存関係があり、肥大すれば複雑になること、その複雑さはデータエンジニアリングチームにとって大きな負担となることに端を発し、開発が進んだようです。

　そして、その複雑さを増したバッチ処理群を前に、次のような特徴を指摘しています。

- 有向非巡回グラフ（DAGs (directed acyclic graphs)）という特徴を持つことが多い。つまり、個々のバッチ処理とその依存関係が一方向に向かうのみであり、循環しない

同時に、

- 定期的に実行される
- ミッションクリティカルである（個々のバッチ処理が一連の処理に不可欠）
- 進化する（企業やチームの成長と共に、データ処理の質と量が増す）
- 分析ツールの進化の速度は速く、さらには異質な複数のシステムを結びつける必要がある

　このような特質を踏まえて開発がなされたAirflowですが、その開発の経緯を時間軸で追いかけると、2014年10月に開発が始まり、2015年6月にオープンソースソフトウェア（OSS）として公開され、2016年3月に、Apacheソフトウェア財団のインキュベーションプログラムに採択され、2019年1月には、当財団からトップレベルのプロジェクトに昇格した旨の告知がなされています。つまり、背後にあったニーズに答えた、その多機能かつ柔軟なデータパイプライン作成力が多方面から評価され、Apacheソフトウェア財団のトップレベルプロジェクトになっているものと考えらえます。

▼ 参照元

https://airflow.apache.org/project.html

 概要

　さて、Cloud Composerですが、Googleのドキュメントにある通り、「ワークフローの作成、スケジュール設定、モニタリング、管理を支援する、マネージド Apache Airflow サービス」なのですが、その要素をもう少し詳しく見てみます。

　「ワークフロー」とは、字義通り'仕事の流れ'を指すものであり、この「仕事」と「その流れ」を、DAGファイルと呼ばれる.pyファイルに、'Operation（個々の仕事）'の集合と

して、Pythonの記法にしたがってコーディングできる仕組みになっています。つまり、例えば、GCS、BQ、bashなどに行わせたい仕事を'Operation'として一つずつ定義し、同時に、その依存関係も定義することができます。

「スケジュール設定」とは、これも字義通り'個々の仕事'の計画を時間軸方向で様々に設定可能になっています。例えば、一度きり（@once）、定期実行（@daily）、Cronによる指定により、自由自在にワークフローの実施計画を定義できます。

さらには、「モニタリング、管理」が可能なUIを備えています。Cloud Composerの場合、GAE（Google App Engine）上で稼働するウェブアプリケーションに、ワークフローやスケジュール設定が可視化されており、目視でモニタリグができます。また個々のOperationをマニュアルで実行したり、キャンセルしたりすることもできます。

そして、以上の機能を有するソフトウェアをサーブする環境が必要ですが、Cloud Composerでは、Airflow UIをGAE上に、それ以外の機能をGKE上に構築しており、クリックひとつで環境構築が可能なように、Googleがフルマネージする仕組みになっています。

Apache Airflowの仕組み

概要としては以上の通りですが、それを実現するApache Airflowの仕組みについて、記述したスクリプトが実現される仕組みという面から、もう少し掘り下げて説明します。

前述の'Operation'（個々の仕事）ですが、Apache Airflowにおいては、それを'Operator'及びその依存関係として定義し実行することで実現します。'Operator'の種類は非常に多く、基底クラスとなるBaseOperatorを継承する形で、実に様々な仕事を行うOperatorが用意されています（具体的なOperatorについては後述します）。OSSゆえ、カスタマイズすることも可能ですが、Composerにおいてはプラグインという形で独自のOperatorを定義することができます。

さて、この'Operator'ですが、DAGファイルにPythonの記法にしたがってコーディングする点は前述の通りです。そして、このDAGファイルをAirflowが定期的に走査し、そこに定義されたOperator及びその依存関係を解析します（構文解析）。その定義された'Operator'が一度インスタンス化されると（メモリ領域を確保すると）、それ以降、定義したパラメータを持った「task」として参照することができるようになります。同時に、taskがDAGの1つのnodeになります。

ただ、この段階では、個別具体的なtaskを実行してはいません。定義したスケジュールによる実行や外部トリガーによる実行を待つだけの状態です。

そこで、taskとは別に、「task instance」という概念があります。これは、そのインスタンス化されたtaskの特定時点における実行を指すものです。特定のDAG、特定のtask、そして特定時点により特徴付けられます。加えて、taskそれ自体の状態（実行中、

成功、失敗、スキップ、リトライ等々）を持ちます。

▼ 図5-10：Apache Airflowの仕組み

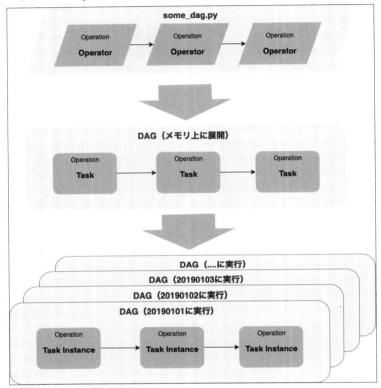

Cloud Composerのアーキテクチャ

　Googleのドキュメンにあるように、Cloud Composerは、Scheduler、Worker、RedisがGKE上で稼働し、Airflow UIはGAE上で稼働する構成となっています。そして、図中には紹介されていませんが、多数の'Operation'が定義され、それらが依存関係を持つ場合に、それらを分散処理する仕組みとして、Celery Executorが採用されています。Airflow自体はOSSゆえ、ローカル環境に、分散処理しない構成でアーキテクチャを構築することも可能です。そのために、Sequential Executorが用意されています。

▼ 図5-11：Cloud Composerのアーキテクチャ

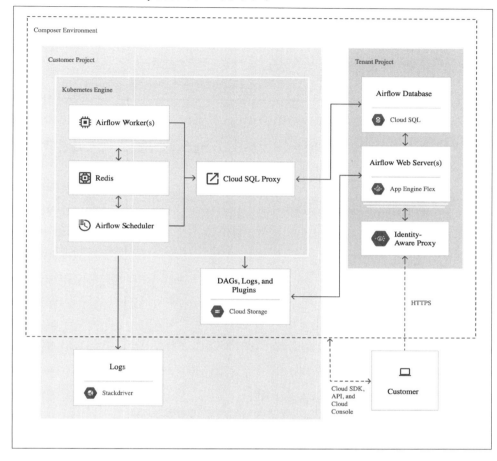

▼ 出典

https://cloud.google.com/composer/docs/concepts/overview?hl=ja#architecture

5.4.2 簡単なサンプルを動かして理解する

　開発の経緯や概要により、Cloud Composerのざっくりとしたイメージは掴めたでしょうか。ここでは、何はともあれ、手を動かして簡単なサンプルを作成し、実際にそれを動かし、より具体的なイメージを掴んでもらいたいと思います。

環境作成

　最初に行う必要があるのは、Cloud Composerを動かすための環境構築です。コン

ソール、gcloudコマンド、REST APIのいずれかから環境の作成が可能です。ここでは、コンソールから作成する方法を紹介します。

> **Note**
> 作成手順の詳細については、以下のURLを参照してください。
> https://cloud.google.com/composer/docs/how-to/managing/creating

①GCPコンソールの左ペインからComposerを選択してください。

▼図5-12：GCPコンソールの左ペイン

なお、Cloud Composer APIの有効化がなされていない場合には、権限のある方に有効化してもらう必要があります。

▼図5-13 Cloud Composer API

②Composerのコンソールから、新規に環境を作成します。図中の「作成」ボタンをクリックしてください。

▼図5-14：Cloud Composer 新規作成

③環境作成に必要な項目を入力します。ここでは、必須項目（名前、ロケーション）、ディスクサイズ、イメージのバージョン、Pythonバージョンを指定し、それ以外はデフォルト値とします。

設定項目	設定内容
名前	dwh-dev
ロケーション	ここでは、リージョンをus-central1とします。
ディスクサイズ	必要に応じて指定しますが、ここでは最小サイズの20GBとします。
イメージのバージョン	composer-1.7.5-airflow-1.10.2
Pythonバージョン	3

Chapter 5 データ収集の自動化

▼図5-15：Cloud Composer 環境作成

なお、開発環境と本番環境において必要な構成は変わる可能性があります。更新できない項目があるので、本番環境においては、開発環境の試行錯誤を踏まえ、適切な構成に設定してください。

④最下段にある「作成」ボタンをクリックして環境を作成します。

⑤実際に環境が構築され、次のステップに進むまでには数分かかります。

サンプルDAGの作成

先ほど、Pythonの記法にしたがって、「仕事(Operation)」と「その流れ(依存関係)」を記述するDAGファイルに触れました。ここでは、個々の'Operation'をごく単純なものとして記述し、それが順に処理されて完結するまでの動きを概観したいと思います。

最初に、サンプルコードを示します。コード中にコメントを入れてあるので、上から順に、どのような目的で、どのようなOperation(Operatorとして定義)を組み、依存関係を定義しているのかを追いかけてみてください。

▼ sample_dag.py

```python
#!/usr/bin/env python3
# -*- coding: utf-8 -*-

from airflow.models import DAG

from airflow.operators.bash_operator import BashOperator
from airflow.operators.dummy_operator import DummyOperator

from datetime import timedelta, datetime
import pendulum

# time zoneを日本時間にする場合、pendulum等のlibraryを利用します。
local_tz = pendulum.timezone("Asia/Tokyo")

"""
DAGは、個々のtaskとその依存関係を定義した、taskの集合体です。
最初に、DAGオブジェクトを定義し、それを個々のtaskのパラメータに持たせることで、
共通したパラメータ(スケジュール、リトライの有無や回数等々)を設定し、taskの集
合であるDAGを定義しています。
"""
# DAGオブジェクトで利用する共通したパラメータを定義します。
default_args = {
    'owner': 'Airflow',
    'start_date': datetime(2019, 1, 1, tzinfo=pendulum.timezone('Asia/Tokyo')),
    'depends_on_past': True,
    'retries': 1,
    'retry_delay': timedelta(minutes=5),
}
```

```python
# DAGオブジェクトを定義します。
# ここでは、定期実行の定義(schedule_interval)を'一回のみ'としています。
dag = DAG(
    dag_id='sample_dag',
    default_args=default_args,
    schedule_interval='@once',
)


""" ここから、個々のtaskの定義をはじめます。 """
# まずは、bash operatorを用いて、現在時刻を表示します。
operator_1 = BashOperator(
    task_id='operator_1',
    bash_command='echo {}'.format(datetime.now()),
    dag=dag,
)


# 次に、ワークフローを見るための道具として、ダミーオペレータを定義します。
# ダミオペレータは、それ自身は特別な処理を行いません。
# ただ、オペレータ同士の間に介在させることで、依存関係の定義に有用な場合があ
りります。ここでは、DAGを理解するための道具として使います。
operator_2 = DummyOperator(
    task_id='operator_2',
    trigger_rule='all_success',
    dag=dag,
)


# ダミーオペレータの2つ目です。
operator_3 = DummyOperator(
    task_id='operator_3',
    trigger_rule='all_success',
    dag=dag,
)


# ダミーオペレータの3つ目です。
operator_4 = DummyOperator(
    task_id='operator_4',
    trigger_rule='all_success',
    dag=dag,
)


# 最後に、もう一度 bash operatorを用いて現在時刻を表示します。
operator_5 = BashOperator(
    task_id='operator_5',
```

```
    bash_command='echo {}'.format(datetime.now()),
    dag=dag,
)

# 依存関係の記法は複数あります。
# ここでは、直感的に理解しやすい bit shift operator を使った記法で記述してい
ます。
# operator_3、operator_4 については、リスト([])内にカンマ区切りで記していま
すが、これにより、二手に分岐し、分岐後の両者が実行されます。
operator_1 >> operator_2 >> [operator_3, operator_4] >> operator_5
```

CLIからのDAGファイルのimport（及びスケジュールによる実行）

①Cloud Composerでは、CLIを利用できます。

ここでは、DAGファイルを置くGCSバケットの操作に関するコマンド群について紹介します。

＊詳細については、次のURL、--helpフラグにより調べてください。

https://cloud.google.com/sdk/gcloud/reference/composer/environments/storage/?hl=ja

＊CLIを利用する場合、ローカルPCへのCloud SDKの導入、cloud shellが必要ですが、その詳細については、次のURLを参照してください。

https://cloud.google.com/sdk/?hl=ja

https://cloud.google.com/shell/?hl=ja

②gcloud composer environmentsコマンド群の下位にあるstorageコマンド群には、さらにその下位に'dags、data、plugins'のコマンド群があります。それぞれ、GCSのフォルダ内に格納されたファイルを、import、export、list、deleteするコマンドを含みます。そのうち頻用すると考えられるのが、dagsのimport、export、list、deleteでしょう。これは、GCSのdagsフォルダに、読者の方々が定義したDAGファイルをimport、export、list、deleteするコマンドになります。

③最初に、現在作成してある環境（ここでは'dwh-dev'という名前です）のlistを表示してみましょう。

```
$ gcloud composer environments storage dags list \
                    --environment dwh-dev \
                    --location us-central1
```

以下のように、自う定義したDAGファイルがimportされていない状態では、次のようになるはずです。なお、'airflow_monitoring.py'は、環境作成時に自動的に作成されるモニタリング用のファイルです。

```
NAME
dags/
dags/airflow_monitoring.py
```

④次に、sample_dag.pyをimportコマンドを使ってdagsフォルダにインポートしたいと思います。

```
$ cd YOUR_DIRECTORY
$ gcloud composer environments storage dags import \
                --environment dwh-dev \
                --location us-central1 \
                --source ./sample_dag.py
```

UIからのDAGファイルのimport（及びスケジュールによる実行）

他に、UIからdagsのフォルダに直接アップロードすることも可能です。簡単なテストに利用する場合、あるいはCLIに慣れていない方は、そちらを利用した方が簡便かもしれません。

▼ 図5-16：UIからのDAGファイルのimport

▼ 図5-17：UIからのDAGファイルのimport

サンプルDAGの実行

コマンド実行後のdagsフォルダです。上記ファイルがimportされているのがわかります。

▼ **図5-18：サンプルDAGの実行**

AirflowのUIにアクセスすると、'sample_dag'というDAGが追加されたのがわかります。このサンプルでは、@onceというスケジュールのため、直ちに'Operation'が依存関係通りに実行され、それが成功（success）すると、緑色の丸で表示されます。

▼ **図5-19：サンプルDAGのUI**

Graph Viewをクリックすると、'Operation'の依存関係と、その実行の成否が表示されているのがわかります。

▼ **図5-20：サンプルDAGのGraphView**

5.4.3 'Operation'を実現するOperator

Operator 解説

前項で、Operator によって定義された個々のOperationが、その依存関係とともに、順番に実行されるのが見て取れたと思います。

この項では、その Operator について、もう少し詳しく、また種類について、見ていきたいと思います。

DAGsが、どのようにワークフローを組み上げるのかについて記述するものである一方、Operator は、ワークフローの中で遂行される個々の作業を記述するものです。基本的に、1つ1つが独立した作業単位であり、定義された順序にしたがって作業が進んでいき、他の Operator からの影響は受けません。

どうしても Operator 同士で情報を共有する必要がある場合には、XComという手段を用います。

そして、Airflowには、汎用的な作業を処理できる、多くの種類のOperatorが用意されています。以下、ドキュメントで紹介されている Operator をご紹介します。

- BashOperator - bash command を実行する
- PythonOperator - 任意の Python functionをコールする
- EmailOperator - email 送信を行う
- SimpleHttpOperator - HTTP request を行う
- MySqlOperator, SqliteOperator, PostgresOperator, MsSqlOperator, OracleOperator, JdbcOperator, etc. - 様々なDBMSの SQL command を実行する

そして、他の Operator とは少し性質が異なりますが、Sensor という Operator があります。

- Sensor - 特定の時間間隔、ファイルの到着、DBの行の追加など、を検知する

ただ、これらは、あくまでも基本的なOperatorであって、他にも様々な用途向けのOperatorが多数用意されています。

さらに、クラウドサービスを利用する上で特筆すべきは、様々なクラウドサービス向けの Operator が提供されている点です（ドキュメントのIntegration、Community-contributed Operatorsに掲載されています）。

▼ 参照元

https://airflow.readthedocs.io/en/1.10.2/concepts.html#operators
https://airflow.readthedocs.io/en/1.10.2/integration.html#gcp-google-cloud-platform

```
https://airflow.readthedocs.io/en/1.10.2/code.html#community-contributed-operators/
small>
```

汎用的なOperator

前項で、汎用的な作業を処理できる Operator について触れましたが、ここでは、その中から、Composer（Airflow）を活用した開発に当たって頻用されると想定される、

- PythonOperator
- BranchPythonOperator
- TriggerDagRunOperator

について、例を挙げてご紹介したいと思います。

● 1. PythonOperator

このOperatorは、Pythonにより関数を定義し、それをworker上で実行するためのOperatorです。

▼ python_operator.py

```python
#!/usr/bin/env python3
# -*- coding: utf-8 -*-


from airflow.models import DAG

from airflow.operators.bash_operator import BashOperator
from airflow.operators.python_operator import PythonOperator


import pendulum
import random
from datetime import timedelta, datetime


# time zoneを日本時間にする場合、pendulum等のlibraryを利用します。
local_tz = pendulum.timezone("Asia/Tokyo")

"""
python_operator.pyは、はじめにBashOperatorを用いて現在時刻を表示し、次に、
Pythonの関数を定義した上で、PythonOperatorによりその関数をコールし、乱数を表
示するDAGです。
"""
# DAGオブジェクトで利用する共通したパラメータを定義します。
default_args = {
    'owner': 'Airflow',
```

```python
    'start_date': datetime(2019, 1, 1, tzinfo=pendulum.timezone('Asia/
Tokyo')),
    'depends_on_past': True,
    'retries': 1,
    'retry_delay': timedelta(minutes=5),
}


# DAGオブジェクトを定義します。
# ここでは、定期実行の定義(schedule_interval)を'一回のみ'としています。
dag = DAG(
    dag_id='python_operator',
    default_args=default_args,
    schedule_interval='@once',
)


# まずは、BashOperatorを用いて、現在時刻を表示します。
operator_1 = BashOperator(
    task_id='operator_1',
    bash_command='echo {}'.format(datetime.now()),
    dag=dag,
)


# 次に、PythonOperatorを作成します。
# PythonOpeartorでは、コールする関数を先に定義する必要があります。
# その関数において、引数を設定することも可能です。
def print_random(rnd):
    print(rnd)
    return 'この戻り値は、logに出力されます：' + rnd

# 乱数を発生させます。
rnd = random.random()
# 次に、PythonOperatorを用いて、乱数を表示します。
operator_2 = PythonOperator(
    task_id='python_operator',
    python_callable=print_random,
    dag=dag,
)


# Operation の依存関係を定義します。
operator_1 >> operator_2
```

　sample_dag.pyの際と同様に、python_operator.pyをimportコマンドを使ってdags
フォルダにインポートします。

```
$ cd YOUR_DIRECTORY
$ gcloud composer environments storage dags import \
                    --environment dwh-dev \
                    --location us-central1 \
                    --source ./python_operator.py
```

dagsバケットへのimport後しばらくすると、python_operatorがAirflowのUIに表示されます。

▼ 図5-21：python_operatorのGraphView

logを確認します。

▼ 図5-22：python_operatorのlog

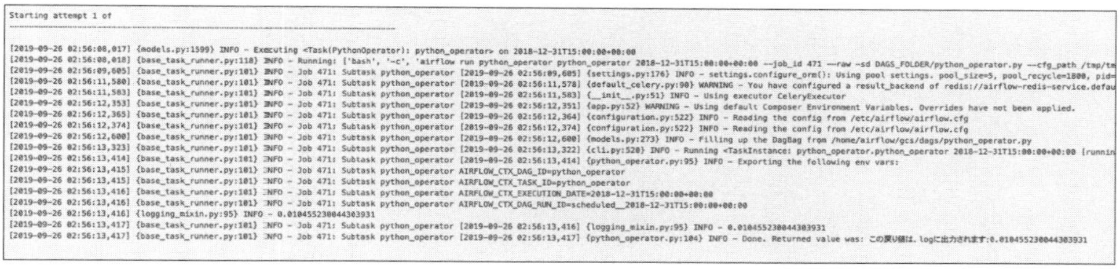

● 2. BranchPythonOperator

このOperatorは、Pythonにより、当該Operatorの後に分岐して実行されるOperatorを戻り値として定義し、その分岐処理をworker上で実行するためのOperatorです。分岐する際の条件を関数内で定義することができます。

▼ branch_python_operator.py

```
#!/usr/bin/env python3
# -*- coding: utf-8 -*-


from airflow.models import DAG

from airflow.operators.bash_operator import BashOperator
```

```python
from airflow.operators.python_operator import BranchPythonOperator
from airflow.operators.dummy_operator import DummyOperator

import pendulum
import random
from datetime import timedelta, datetime

# time zoneを日本時間にする場合、pendulum等のlibraryを利用します。
local_tz = pendulum.timezone("Asia/Tokyo")

"""
branch_python_operator.pyは、はじめにBashOperatorを用いて現在時刻を表示し、
次にbranching（分岐）用のPythonの関数を定義した上で、BranchPythonOperatorによ
りその関数をコールし、算出された乱数に従って依存先が分岐する（依存先が1つだけ
実行され、他の分岐先はスキップされる）DAGです。
"""

# DAGオブジェクトで利用する共通したパラメータを定義します。
default_args = {
    'owner': 'Airflow',
    'start_date': datetime(2019, 1, 1, tzinfo=pendulum.timezone('Asia/
Tokyo')),
    'depends_on_past': True,
    'retries': 1,
    'retry_delay': timedelta(minutes=5),
}

# DAGオブジェクトを定義します。
# ここでは、定期実行の定義（schedule_interval）を'一回のみ'としています。
dag = DAG(
    dag_id='branch_python_operator',
    default_args=default_args,
    schedule_interval='@once',
)

""" ここから、個々のtaskの定義をはじめます。 """
# まずは、BashOperatorを用いて、現在時刻を表示します。
operator_1 = BashOperator(
    task_id='operator_1',
    bash_command='echo {}'.format(datetime.now()),
    dag=dag,
)

# 次に、PythonOpeartorがコールする分岐（branching）用の関数を定義します。
```

5.4 ワークフローのオーケストレーション

```python
# ここでは、乱数(0.0以上1.0未満のfloat型の乱数)を発生させ、値の区間によって
依存先の Operator を分岐させます。
def branching(rnd):
    if rnd >= 0 and rnd <= 0.2:
        return 'operator_3'
    elif rnd > 0.2 and rnd <= 0.4:
        return 'operator_4'
    elif rnd > 0.4 and rnd <= 0.6:
        return 'operator_5'
    elif rnd > 0.6 and rnd <= 0.8:
        return 'operator_6'
    else:
        return 'operator_7'


# 乱数を発生させます。
rnd = random.random()
# 次に、BranchPythonOperatorを用いて、分岐(branching)用の関数をコールします。
operator_2 = BranchPythonOperator(
    task_id='branch_python_operator',
    python_callable=branching,
    op_kwargs={'rnd': rnd},
    dag=dag,
)


# 分岐先は、全てダミーオペレータとします。
operator_3 = DummyOperator(
    task_id='operator_3',
    trigger_rule='all_success',
    dag=dag,
)


operator_4 = DummyOperator(
    task_id='operator_4',
    trigger_rule='all_success',
    dag=dag,
)


operator_5 = DummyOperator(
    task_id='operator_5',
    trigger_rule='all_success',
    dag=dag,
)


operator_6 = DummyOperator(
```

5

```
    task_id='operator_6',
    trigger_rule='all_success',
    dag=dag,
)

operator_7 = DummyOperator(
    task_id='operator_7',
    trigger_rule='all_success',
    dag=dag,
)

# 最後のオペレータは、分岐したオペレータの1つが成功すれば実行されるダミーオ
ペレータとします。
operator_8 = DummyOperator(
    task_id='operator_8',
    trigger_rule='one_success',
    dag=dag,
)

# Operation の依存関係を定義します。
operator_1 >> operator_2 >> [operator_3, operator_4,
                             operator_5, operator_6, operator_7] >>
operator_8
```

　sample_dag.pyの際と同様に、branch_python_operator.pyをimportコマンドを使っ
てdagsフォルダにインポートします。

```
$ cd YOUR_DIRECTORY
$ gcloud composer environments storage dags import \
                    --environment dwh-dev \
                    --location us-central1 \
                    --source ./branch_python_operator.py
```

　dagsバケットへのimport後しばらくすると、ワークフローが完了します。ここでは、
AirflowのUIから、BranchPythonOperatorのtaskを見てみます。Operator_7が実行さ
れ、他の分岐Operatorはスキップされたのがわかります。

▼ 図5-23：branch_python_operatorのGraphView

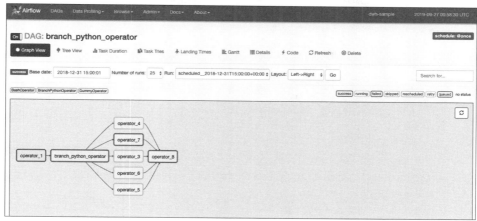

● 3. TriggerDagRunOperator

　このOperatorは、Pythonの関数により、次に実行されるDAGを指定し、それを起動させるOperatorです。

▼ tirgger_dag_run.py

```
#!/usr/bin/env python3
# -*- coding: utf-3 -*-

from airflow.models import DAG

from airflow.operators.bash_operator import BashOperator
from airflow.operators.dagrun_operator import TriggerDagRunOperator
from airflow.utils.trigger_rule import TriggerRule

import pendulum
from datetime import timedelta, datetime

# time zoneを日本時間にする場合、pendulum等のlibraryを利用します。
local_tz = pendulum.timezone("Asia/Tokyo")


"""
tirgger_dag_run.pyは、はじめにBashOperatorを用いて現在時刻を表示し、次に、
triggerの関数を定義した上で、TriggerDagRunOperatorによりその関数をコールし、
tirggered_dagを起動するDAGです。
"""
```

```python
# DAGオブジェクトで利用する共通したパラメータを定義します。
default_args = {
    'owner': 'Airflow',
    'start_date': datetime(2019, 1, 1, tzinfo=pendulum.timezone('Asia/
Tokyo')),
    'depends_on_past': True,
    'retries': 1,
    'retry_delay': timedelta(minutes=5),
}


# DAGオブジェクトを定義します。
# ここでは、定期実行の定義(schedule_interval)を'一回のみ'としています。
dag = DAG(
    dag_id='tirgger_dag_run',
    default_args=default_args,
    schedule_interval='@once',
)



# まずは、BashOperatorを用いて、現在時刻を表示します。
operator_1 = BashOperator(
    task_id='operator_1',
    bash_command='echo {}'.format(datetime.now()),
    dag=dag,
)


"""
TriggerDagRunOperatorは、指定した dag_id のDAGを起動させるOperatorです。
パラメータには、次のものがあります。
・trigger_dag_id：トリガーされる側の dag_id（文字列型）
・python_callable：context、dag_run_objという2つの引数を持った関数を定義し、
その関数を指定します。戻り値は、'return dag_run_obj'とします。dag_run_obj
は、run_idとpayloadの2つのアトリビュートを持ちます。'dag_run_obj.payload =
{'message': trigger_dag_id}'は、トリガーされる側に、パラメータを渡します。
＊　参照元；https://airflow.readthedocs.io/en/1.10.2/code.html#airflow.
operators.dagrun_operator.TriggerDagRunOperator
"""


# trigger用の関数を定義します。
# 引数として、context、dag_run_objを利用して、ALL_DONEで発火


def trigger(context, dag_run_obj):
    dag_run_obj.payload = {"message": context["params"]["message"]}
```

5.4 ワークフローのオーケストレーション

```python
    return dag_run_obj


# Trigger_ruleを利用して、ALL_DONEで発火させます。
# Trigger_ruleは、task同士の依存関係に様々なルールを設定できる仕組みです。
# デフォルトでは、上流が全て成功(success)した場合に、次のtaskが実行されます。
# https://airflow.readthedocs.io/en/1.10.2/concepts.html#trigger-rules
task_tirgger_dag_run = TriggerDagRunOperator(
    task_id="task_tirgger_dag_run",
    trigger_dag_id="tirggered_dag",
    python_callable=trigger,
    provide_context=True,
    params={
        "message": "Hello world !"
    },
    trigger_rule=TriggerRule.ALL_DONE,
    dag=dag,
)


operator_1 >> task_tirgger_dag_run
```

▼ tirggered_dag.py

```python
#!/usr/bin/env python3
# -*- coding: utf-8 -*-


from airflow.models import DAG


from airflow.operators.bash_operator import BashOperator


import pendulum
from datetime import timedelta, datetime


# time zoneを日本時間にする場合、pendulum等のlibraryを利用します。
local_tz = pendulum.timezone("Asia/Tokyo")


"""
triggered_dag.pyは、TriggerDagRunOperatorによって起動されるDAGを定義してい
ます。
特殊な定義は必要ありません。
"""


# DAGオブジェクトで利用する共通したパラメータを定義します。
default_args = {
```

```
    'owner': 'Airflow',
    'start_date': datetime(2019, 1, 1, tzinfo=pendulum.timezone('Asia/
Tokyo')),
    'depends_on_past': True,
    'retries': 1,
    'retry_delay': timedelta(minutes=5),
}


# DAGオブジェクトを定義します。
# 定期実行の定義(schedule_interval)は'None'としてください。
dag = DAG(
    dag_id='tirggered_dag',
    default_args=default_args,
    schedule_interval=None,
)


# tirgger_dag_run からのmessage を BashOperator の template で受け取ります。
operator_1 = BashOperator(
    task_id="operator_1",
    bash_command='echo "Here is the message: {{ dag_run.conf["message"] }}" ',
    dag=dag,
)


operator_1
```

　TriggerDagRunOperatorを動かすには、トリガーする側とトリガーされる側の2つの
DAGが必要です。 それゆえ、ローカルにtriggerというサブフォルダを作成し、そこ
に上記2つのDAG(trigger_dag_run_operator.py、triggered_dag.py)を含めて、trigger
フォルダを、importコマンドでdagsフォルダにインポートします。 なお、サブフォル
ダを作成せず、1つずつimportしても問題ありません。また、Composer(Airflow)では、
dags配下にあるサブフォルダも含めてdag_idを走査するため、サブフォルダにDAGを
作成しても問題ありません。

```
$ cd YOUR_DIRECTORY
$ gcloud composer environments storage dags import \
                        --environment dwh-dev \
                        --location us-central1 \
                        --source ./trigger
```

　dagsバケットへのimport後しばらくすると、次のようになります(①〜③)。

　①tirgger_dag_runが実行されているのが見てとれます。

▼ 図5-24：tirgger_dag_run_operatorのUI_1

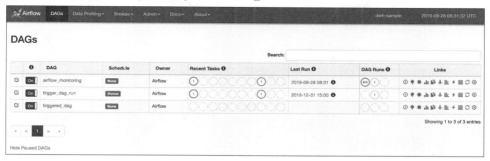

②Schedule=Noneのtirggered_dagが、tirgger_dag_runにキックされ動き出したのが見てとれます。

▼ 図5-25：tirgger_dag_run_operatorのUI_2

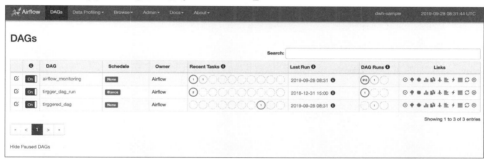

③irggered_dagの実行が完了し、tirggered_dagのlogに、bash operagtorによる「Hello world !」の表示があります。これにより、トリガーされる側に、パラメータが渡ったのが確認できます。

▼ 図5-26：tirgger_dag_run_operatorのUI_3

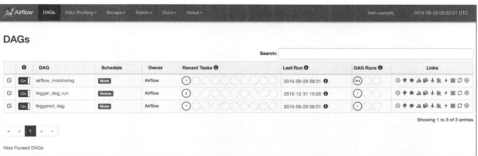

▼ 図5-27：tirgger_dag_run_operatorのlog

```
_1 [2019-09-28 08:31:50,580] {bash_operator.py:87} INFO - Exporting the following env vars:
_1 AIRFLOW_CTX_DAG_ID=tirggered_dag
_1 AIRFLOW_CTX_TASK_ID=operator_1
_1 AIRFLOW_CTX_EXECUTION_DATE=2019-09-28T08:31:31.490035+00:00
_1 AIRFLOW_CTX_DAG_RUN_ID=trig__2019-09-28T08:31:31.410856+00:00
_1 [2019-09-28 08:31:50,583] {bash_operator.py:101} INFO - Temporary script location: /tmp/airflowtmp71u8hx2l/operator_13zax4glz
_1 [2019-09-28 08:31:50,583] {bash_operator.py:111} INFO - Running command: echo "Here is the message: Hello world !"
_1 [2019-09-28 08:31:51,157] {bash_operator.py:120} INFO - Output:
_1 [2019-09-28 08:31:51,160] {bash_operator.py:124} INFO - Here is the message: Hello world !
_1 [2019-09-28 08:31:51,161] {bash_operator.py:128} INFO - Command exited with return code 0
```

有用な機能

頻用されると想定されるOperatorについて、前述しました。ただ、これら Operator を組み合わせて使いこなすに当たって、Operator同士の依存関係の定義や情報共有が非常に大切です。Airflow には、それらのための有用な機能が備わっています。その中から、ここでは、'Trigger Rules'と'XComs'について、例を挙げてご紹介したいと思います。

● 1. Trigger Rules

まずは、Operator同士の依存関係の定義に資する機能です。

全てのOperatorが'trigger_rule'というパラメータを持っています。これは、親（上流）となるOperatorの成否により、自身が実行されるか否かを指定するためのパラメータです。

デフォルトは、'all_success'です。それゆえ、親（上流）のOperatorが複数ある場合、全ての親Operatorがsuccessしないと、自身は実行されないことになります。

よって、Operator同士の依存関係及びTrigger Rulesの設定を工夫することによって、複雑なワークフローを定義することが可能になります。

- all_success: デフォルトの設定です。全ての親Operatorがsuccess（成功）した場合に、自身が実行される
- all_failed: 全ての親Operatorがfaile（失敗）した場合に、自身が実行される
- all_done: 全ての親Operatorがdone（実行）された後に、自身が実行される。親の成否は関係なし。
- one_failed: 親Operatorの1つがfaile（失敗）すると、直ちに自身が実行される。他の親の実行完了を待たない。
- one_success: 親Operatorの1つがsuccess（成功）すると、直ちに自身が実行される。他の親の実行完了を待たない。
- none_failed: 全ての親Operatorがfaile（失敗）しなかった場合に、自身が実行される。例としては、全ての親Operatorがsuccess（成功）した場合、あるいは全ての親Operatorがスキップされた場合。
- dummy: 依存関係は表示上のものでしかなく、任意に実行される。

5.4 ワークフローのオーケストレーション

なお、'depends_on_past'は、task自身の直近の実行の成否と関連づけるものであり、上記Trigger Rulesとは別のパラメータです。

▼ 参照元

https://airflow.readthedocs.io/en/1.10.2/concepts.html#trigger-rules

● 2. XComs

次に、Operator同士の情報共有に資する機能です。XComsは、"cross-communication"の略称であり、まさにtask同士が、その実行状態をはじめとした情報を共有(やりとりする)ための機能です。'xcom_push'、'xcom_pull'の2種類があり、前者は自身の情報を発信、後者は他のtaskの情報を受け取る、機能です。各種Operatorにおいて利用可能ですが、以下に、PythonOperatorとBashOperatorを利用したpush、pullのサンプルコードを掲げます。後者で利用するtemplate利用したxcom_pullですが、これはクラウドサービス向けのOperatorでも利用可能であり、もちろんGCP関連のOperatorにおいても利用可能です。この点については、DWHのサンプルを紹介する項においてサンプルコードを紹介します。

▼ xcom.py

```python
#!/usr/bin/env python3
# -*- coding: utf-8 -*-

from airflow.models import DAG

from airflow.operators.bash_operator import BashOperator
from airflow.operators.python_operator import PythonOperator

import pendulum
import random
from datetime import timedelta, datetime

# time zoneを日本時間にする場合、pendulum等のlibraryを利用します。
local_tz = pendulum.timezone("Asia/Tokyo")

"""
xcom.pyは、はじめに乱数を生成し、それをPythonOperatorでpushした上で、
BashOperatorによりpullするDAGです。
"""

# DAGオブジェクトで利用する共通したパラメータを定義します。
default_args = {
    'owner': 'Airflow',
    'start_date': datetime(2019, 1, 1, tzinfo=pendulum.timezone('Asia/
```

```
Tokyo')),
    'depends_on_past': True,
    'retries': 1,
    'retry_delay': timedelta(minutes=5),
}

# DAGオブジェクトを定義します。
# ここでは、定期実行の定義(schedule_interval)を'一回のみ'としています。
dag = DAG(
    dag_id='xcom',
    default_args=default_args,
    schedule_interval='@once',
)

# まず、乱数を生成する関数を定義します。
def generate_rnd(**kwargs):
    # 乱数を発生させます。
    rnd = random.random()
    # rndを戻り値とします。これにより、rndがxcom_pushされます。
    return rnd

# 次に、PythonOperatorを定義します。
operator_1 = PythonOperator(
    task_id='operator_1',
    python_callable=generate_rnd,
    dag=dag,
)

# 受け取り側では、BashOperatorにおいて、templateで受け取ります。
operator_2 = BashOperator(
    task_id='operator_2',
    bash_command='echo "{{ti.xcom_pull(task_ids="operator_1")}}"',
    dag=dag,
)

operator_1 >> operator_2
```

　sample_dag.pyの際と同様に、xcom.pyをimportコマンドを使ってdagsフォルダにインポートします。

```
$ cd YOUR_DIRECTORY
$ gcloud composer environments storage dags import \
--environment dwh-dev \
--location us-central1 \
```

```
--source ./xcom.py
```

dagsバケットへのimport後しばらくすると、次のようになります(①〜②)。

①xcomが実行されているのが確認できます。

▼ 図5-28：xcomのUI

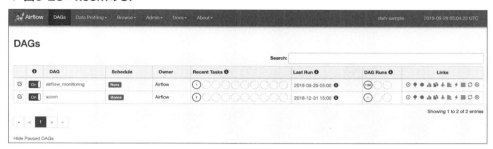

②bash operatorによる乱数の表示があります。これにより、xcom_pullによりパラメータが渡ったのが確認できます。

▼ 図5-29：xcomのlog

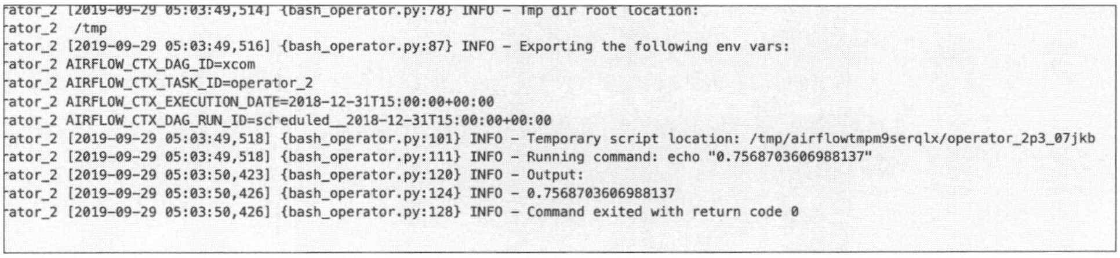

▼ 参照元

https://airflow.readthedocs.io/en/1.10.2/concepts.html#additional-functionality

GCPのサービスを操作する Operator

これまで、Composer(Airflow)の基本的なOperator及び機能について解説してきました。上でも触れたように、Airflowには、その外部のサービスである各種クラウドサービスを操作する Operator が用意されており、実に様々なOperatorがあります。ここでは、そのうちのGCPに関するOperatorを見ていきます。GCPに関するOperatorに限っても(Airflow ver 1.10.2)、次のドキュメントに掲げられているだけの数があります。

▼ 参照元

https://airflow.readthedocs.io/en/1.10.2/integration.html#gcp-google-cloud-platform

Chapter 5 データ収集の自動化

　全てをご紹介することは難しいので、後継の汎用的なDWH構築に関連するものとして、'BigQuery Operators'と'Storage Operators'の中から、関連するものをご紹介したいと思います。

● BigQuery Operators

- BigQueryGetDataOperator：BigQueryのtableからデータを取得し、それをpythonのlistで返します。
- BigQueryOperator：BigQueryの指定したtableに対してクエリを実行します。データ操作言語(DML)を使用して、テーブルのデータを更新、挿入、削除することや、クエリの結果を別のtableに格納することができます。

● Storage Operators

- GoogleCloudStorageListOperator：指定したバケットに存在するファイル等のオブジェクトをリストアップします。接頭辞と区切り文字を指定してリストアップ可能です。
- GoogleCloudStorageToBigQueryOperator：GCSからBQへファイルをロードします。
- GoogleCloudStorageToGoogleCloudStorageOperator：GCSのあるバケットに存在するファイルを別のバケットにコピーします。リネームすることも可能です。

　さて、前提として、上記の各種Operatorは、AirflowのBaseOperator等を継承したクラスとして定義されています。それゆえ、基底クラスの各種パラメータが利用可能です。自身のパラメータに必要なものがない場合、基底クラスのパラメータも確認しましょう。
　では、一つずつ見ていきます。

● 1. BigQueryGetDataOperator

　例えば、これとBranchPythonOperatorを組み合わせて、tableに含まれる値によって処理を分岐させることが可能です。

▼ **bq_getdata_operator.py**

```
#!/usr/bin/env python3
# -*- coding: utf-8 -*-


from airflow.models import DAG
```

5.4 ワークフローのオーケストレーション

```python
from airflow.operators.python_operator import PythonOperator
from airflow.contrib.operators.bigquery_get_data import
BigQueryGetDataOperator

import pendulum
from datetime import timedelta, datetime

# time zoneを日本時間にする場合、pendulum等のlibraryを利用します。
local_tz = pendulum.timezone("Asia/Tokyo")

"""
bq_getdata_operator.pyは、はじめにBigQueryGetDataOperatorを用いてBQのテーブ
ルからデータを取得し、次に、PythonOperatorによりそのデータを取得し表示するDAG
です。
"""

# DAGオブジェクトで利用する共通したパラメータを定義します。
default_args = {
    'owner': 'Airflow',
    'start_date': datetime(2019, 1, 1, tzinfo=pendulum.timezone('Asia/
Tokyo')),
    'depends_on_past': True,
    'retries': 1,
    'retry_delay': timedelta(minutes=5),
}

# DAGオブジェクトを定義します。
# ここでは、定期実行の定義(schedule_interval)を'一回のみ'としています。
dag = DAG(
    dag_id='python_operator',
    default_args=default_args,
    schedule_interval='@once',
)

bq_getdata = BigQueryGetDataOperator(
    task_id='get_data_from_bq',
    dataset_id='import',
    table_id='sales',
    max_results='1',
    selected_fields='sales_datetime',
    bigquery_conn_id='google_cloud_default',
    dag=dag,
)
```

5

```python
def process_data_from_bq(**kwargs):
    ti = kwargs['ti']
    bq_data = ti.xcom_pull(task_ids='get_data_from_bq')
    # bq_dataに、Pythonのlistでデータが渡されています。
    print(bq_data)

process_data = PythonOperator(
    task_id='process_data_from_bq',
    python_callable=process_data_from_bq,
    provide_context=True,
    dag=dag,
)


bq_getdata >> process_data
```

● 2. BigQueryOperator

　前述の通り、BigQueryのtableに対してクエリを実行し、その結果を別のtableに格納します。それゆえ、BQにおいてクエリによりデータのTransformを、段階を踏んで実施するにあたって、頻用されると思います。

```python
#!/usr/bin/env python3
# -*- coding: utf-8 -*-


from airflow.models import DAG

from airflow.contrib.operators.bigquery_operator import BigQueryOperator

import pendulum
from datetime import timedelta, datetime

# time zoneを日本時間にする場合、pendulum等のlibraryを利用します。
local_tz = pendulum.timezone("Asia/Tokyo")

"""
bq_operator.pyは、指定したテーブルへのクエリの結果を、destination_dataset_
tableに格納するDAGです。
"""

# DAGオブジェクトで利用する共通したパラメータを定義します。
default_args = {
    'owner': 'Airflow',
    'start_date': datetime(2019, 1, 1, tzinfo=pendulum.timezone('Asia/
```

```
Tokyo')),
    'depends_on_past': True,
    'retries': 1,
    'retry_delay': timedelta(minutes=5),
}

# DAGオブジェクトを定義します。
# ここでは、定期実行の定義(schedule_interval)を'一回のみ'としています。
dag = DAG(
    dag_id='bq_operator',
    default_args=default_args,
    schedule_interval='@once',
)

# 必要なパラメータを指定します。
# destination_dataset_tableに、クエリ結果が格納されます。
# 詳細はこちら：https://airflow.readthedocs.io/en/1.10.2/integration.
html#airflow.contrib.operators.bigquery_operator.BigQueryOperator
query_table = BigQueryOperator(
    task_id='query_table',
    sql='SELECT sales_number,sales_amount FROM import.sales',
    destination_dataset_table='shuwa-gcp-book.composer.bq_operator',
    create_disposition='CREATE_IF_NEEDED',
    write_disposition='WRITE_TRUNCATE',
    use_legacy_sql=False,
    dag=dag
)
query_table
```

● 3. GoogleCloudStorageListOperator

例えば、S3からGCSへファイル連携した場合に、そのファイル名をリストアップし、次のステップに繋げたい場合に利用します。

```
#!/usr/bin/env python3
# -*- coding: utf-8 -*-

from airflow.models import DAG

from airflow.contrib.operators.gcs_list_operator import
GoogleCloudStorageListOperator
from airflow.operators.bash_operator import BashOperator

import pendulum
```

```python
from datetime import timedelta, datetime

# time zoneを日本時間にする場合、pendulum等のlibraryを利用します。
local_tz = pendulum.timezone("Asia/Tokyo")

"""
gcs_list_operator.pyは、GCSの指定したバケット内に存在するファイル等のオブジェ
クトをリストアップするDAGです。
"""

# DAGオブジェクトで利用する共通したパラメータを定義します。
default_args = {
    'owner': 'Airflow',
    'start_date': datetime(2019, 1, 1, tzinfo=pendulum.timezone('Asia/
Tokyo')),
    'depends_on_past': True,
    'retries': 1,
    'retry_delay': timedelta(minutes=5),
}

# DAGオブジェクトを定義します。
# ここでは、定期実行の定義(schedule_interval)を'一回のみ'としています。
dag = DAG(
    dag_id='gcs_list_operator',
    default_args=default_args,
    schedule_interval='@once',
)

# 'table_'という接頭辞及び拡張子が.csvのファイル名を取得します。
get_list = GoogleCloudStorageListOperator(
    task_id='get_list',
    bucket='composer_source',
    prefix='table_',
    delimiter='.csv',
    dag=dag
)

# 取得したファイル名のリストを表示します。
print_list = BashOperator(
    task_id='print_list',
    bash_command='echo "{{ti.xcom_pull(task_ids="get_list")}}"',
    dag=dag)

get_list >> print_list
```

5.4 ワークフローのオーケストレーション

● 4. GoogleCloudStorageToBigQueryOperator

前述のように、schemaを定義し、GCSからBQへファイルをロードするために利用します。

```python
#!/usr/bin/env python3
# -*- coding: utf-8 -*-

from airflow.models import DAG

from airflow.contrib.operators.gcs_to_bq import GoogleCloudStorageToBigQuery
Operator

import codecs
import json

import pendulum
from datetime import timedelta, datetime

# time zoneを日本時間にする場合、pendulum等のlibraryを利用します。
local_tz = pendulum.timezone("Asia/Tokyo")

"""
gcs_to_bq_operator.pyは、GCSの指定したバケット内に存在するファイル等のオブジェ
クトをBQのテーブルにloadするDAGです。
"""

# DAGオブジェクトで利用する共通したパラメータを定義します。
default_args = {
    'owner': 'Airflow',
    'start_date': datetime(2019, 1, 1, tzinfo=pendulum.timezone('Asia/
Tokyo')),
    'depends_on_past': True,
    'retries': 1,
    'retry_delay': timedelta(minutes=5),
}

# DAGオブジェクトを定義します。
# ここでは、定期実行の定義(schedule_interval)を'一回のみ'としています。
dag = DAG(
    dag_id='gcs_to_bq_operator',
    default_args=default_args,
    schedule_interval='@once',
)
```

```
# GCS の CSV ファイルを BQ の dataset=composer へ load します。
# ここでは、schema を json ファイルで定義し、それを読み込む形にしています。
# パラメータ詳細はこちら；https://airflow.readthedocs.io/en/1.10.2/
integration.html#id123
with codecs.open('/home/airflow/gcs/dags/schema/schema_table_1.json', 'r',
'utf-8') as f:
    schema = json.load(f)
    gcs_to_bq = GoogleCloudStorageToBigQueryOperator(
        task_id='gcs_to_bq',
        bucket='composer_source',
        source_objects=['table_1.csv'],
        source_format='CSV',
        # autodetect=True,
        schema_fields=schema,
        skip_leading_rows=1,
        destination_project_dataset_table='shuwa-gcp-book.composer.table_1',
        create_disposition='CREATE_IF_NEEDED',
        write_disposition='WRITE_APPEND',
        dag=dag,
    )

gcs_to_bq
```

● 5. GoogleCloudStorageToGoogleCloudStorageOperator

例えば、S3 から GCS へファイル連携した場合に、ファイル名がそのままでは次のステップに利用しにくい場合があるかもしれません。そのような場合に、ファイル名をリネームした上で、別のバケットにコピーすることができます。

```
#!/usr/bin/env python3
# -*- coding: utf-8 -*-

from airflow.models import DAG

from airflow.contrib.operators.gcs_to_gcs import GoogleCloudStorageToGoogleC
loudStorageOperator

import pendulum
from datetime import timedelta, datetime

# time zone を日本時間にする場合、pendulum 等の library を利用します。
local_tz = pendulum.timezone("Asia/Tokyo")
```

```
"""
gcs_to_gcs_operator.pyは、GCSの指定したバケット内に存在するファイル等のオブ
ジェクトを別のバケットや同一バケットの別フォルダに移動するDAGです。
"""

# DAGオブジェクトで利用する共通したパラメータを定義します。
default_args = {
    'owner': 'Airflow',
    'start_date': datetime(2019, 1, 1, tzinfo=pendulum.timezone('Asia/
Tokyo')),
    'depends_on_past': True,
    'retries': 1,
    'retry_delay': timedelta(minutes=5),
}

# DAGオブジェクトを定義します。
# ここでは、定期実行の定義(schedule_interval)を'一回のみ'としています。
dag = DAG(
    dag_id='gcs_to_gcs_operator',
    default_args=default_args,
    schedule_interval='@once',
)

# GCSの指定したバケットにあるCSVファイルを、別のバケットへ移動します。
# パラメータ詳細はこちら；https://airflow.readthedocs.io/en/1.10.2/
integration.html#googlecloudstoragetogooglecloudstorageoperator
gcs_to_gcs = GoogleCloudStorageToGoogleCloudStorageOperator(
    task_id='gcs_to_gcs',
    source_bucket='composer_source',
    source_object='table_1_123456789.csv',
    destination_bucket='composer_destination',
    destination_object='table_1.csv',
    move_object=True,
    dag=dag
)

gcs_to_gcs
```

GCSで利用可能な Sensor

　これまで述べてきたように、S3との連携等、ストレージを経由して外部データソースとデータ連携する場合、ストレージへのファイル等のオブジェクト到着を検知し、次の処理を開始させる、といったワークフローを組む場合があります。そこで、ここでは、

それを実現するGCSのセンサーをご紹介します。

https://airflow.readthedocs.io/en/1.10.2/code.html#airflow.contrib.sensors.gcs_sensor

①GoogleCloudStorageObjectSensor；GCSバケット内のオブジェクトの存否を検知します。
②GoogleCloudStorageObjectUpdatedSensor；GCSバケット内のオブジェクトの更新の有無を検知します。
③GoogleCloudStoragePrefixSensor；指定したバケット内に指定した接頭辞を持つファイル等のオブジェクトが存在するか否かを検知します。

さて、これらSensorは、AirflowのBaseSensorOperatorを継承したクラスとして定義されています。それゆえ、基底クラスの各種パラメータが利用可能です。例えば、timeoutというパラメータがありますが、これは基底クラスであるBaseSensorOperatorのパラメータです。自身のパラメータに必要なものがない場合、基底クラスのパラメータも確認しましょう。

もう一点は、Sensorはそれが実行されると一定間隔で検知する対象の存否を確認します。よって、timeoutするまでの間、worker slotを占拠してしまう可能性があります。実務において、数百単位(あるいはそれ以上)のテーブルを連携する場合、センサーを利用するには工夫が必要になります。例えば、Composerの環境構築において、想定される負荷を考慮してnode数やスペックを上げるといった対策、あるいは、poolを使い(後述します)、同時実行数を制限するといった方法があります。

上の3つのうち、バケット内にどのような名前をもつファイルが到着したかを判別するのに有用なGoogleCloudStoragePrefixSensorについて、具体的な例を挙げてご紹介します。

● 1. GoogleCloudStoragePrefixSensor

指定したバケットに、指定した接頭辞を有するファイル等のオブジェクトがアップロードされると、その存在を検知します。検知すると、センサーのタスクが成功(success)となり、依存関係に応じて、次のtaskが実行されます。

```python
#!/usr/bin/env python3
# -*- coding: utf-8 -*-

from airflow.models import DAG

from airflow.operators.bash_operator import BashOperator
from airflow.contrib.sensors.gcs_sensor import GoogleCloudStoragePrefixSensor

import pendulum
from datetime import timedelta, datetime
```

```python
# time zoneを日本時間にする場合、pendulum等のlibraryを利用します。
local_tz = pendulum.timezone("Asia/Tokyo")


"""
gcs_prefix_sensor.pyは、はじめに指定した接頭辞を有するファイル等のオブジェク
トを検知し、それが成功すると、BashOperatorを用いて成功した旨を表示するDAGです。
"""

# DAGオブジェクトで利用する共通したパラメータを定義します。
default_args = {
    'owner': 'Airflow',
    'start_date': datetime(2019, 1, 1, tzinfo=pendulum.timezone('Asia/
Tokyo')),
    'depends_on_past': True,
    'retries': 1,
    'retry_delay': timedelta(minutes=5),
}

# DAGオブジェクトを定義します。
# ここでは、定期実行の定義(schedule_interval)を'一回のみ'としています。
dag = DAG(
    dag_id='gcs_prefix_sensor',
    default_args=default_args,
    schedule_interval='@once',
)

# バケット直下のファイルを検知する
sense_file = GoogleCloudStoragePrefixSensor(
    task_id='sense_file',
    bucket='composer_source',
    prefix='table_',
    timeout=60 * 60 * 24,
    dag=dag,
)

# まずは、BashOperatorを用いて、現在時刻を表示します。
operator_1 = BashOperator(
    task_id='operator_1',
    bash_command='echo "sensed the table_*.csv file"',
    dag=dag,
)

sense_file >> operator_1
```

5.4.4 DWH構築のためのDAGを作ろう

DWH構築になにが必要か？

ここでは、前述した「汎用的な構成③」について、Cloud Composerで自動化する方法を見ていきたいと思います。同時に、DWH構築の重要な部分であるELT処理を、Cloud Composerに組み込んでいく部分も見ていきます。

フェーズを分ける

DWHを広義で考えると、その全てをComposerが処理する訳ではありません。ただ、DWHの中核となる処理について、その自動化を担当するサービスであることは間違いありません。特に、ELT（Extract Load Transform）の自動化に深く関わってきます。そして、Transformの部分に更なる細分化が必要となりうることも前述の通りです。

そこで、Transformの部分を、**5.3 BigQuery内でデータをTransformする**でご紹介した点を踏まえて、細分化してみます。

細分化	何をするのか？
phase_1	様々な企業が提供するRDBの多様なデータ型とBQに取り込み可能なデータ型の整合性をとり、可能な限りローデータで取り込み、データ取り込み後に、多様な文脈でデータ解析可能なようにします。データ内容の最適化が目的ゆえ、日付別テーブルを採用します。
phase_2	分析目的に沿ったデータへの変換及びデータ型の検討、さらには不正な値の除去、を行います。データ内容の最適化が目的ゆえ、日付別テーブルを採用します。
phase_3	phase_4を作成するための中間テーブルが必要になる場合があります。このフェーズは、phase_4と統合すべきか否か、検討する必要があるかもしれません。役割としては、分析の起点となる大テーブルを作成すべく、レコードを履歴型として蓄積するためのクエリを実施するなどです。パーティションテーブルを採用します。
phase_4	phase_3で履歴型として積み上げた各テーブルを、分析に資するよう、必要な数だけ結合（JOIN）します。要は、本格的なデータ分析へ向けた準備されたテーブル群を作成する段階です。パーティションテーブルを採用します。各集計軸における基礎的な集計を行うこともあります。

以上の内容をフローとして図解すると、**図5-30**のようになります。Cloud Composerの各Operatorの仕事内容と、その成否によるエラー通知の部分も簡略化して記してあります。なお、データセット名は一例です。

5.4 ワークフローのオーケストレーション

▼ 図5-30：データパイプライン

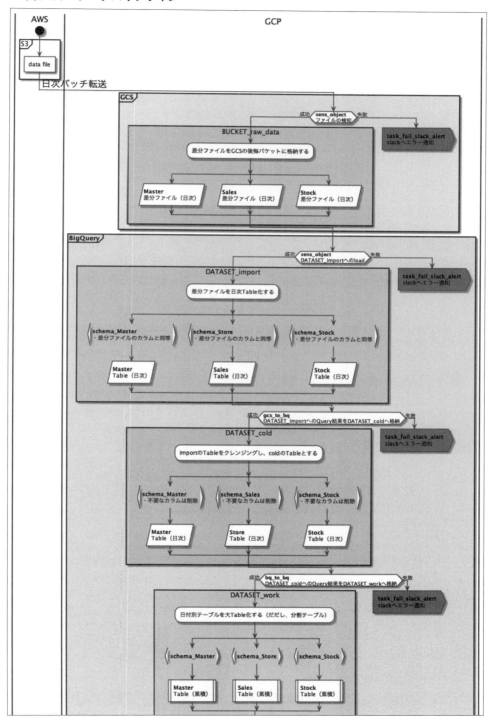

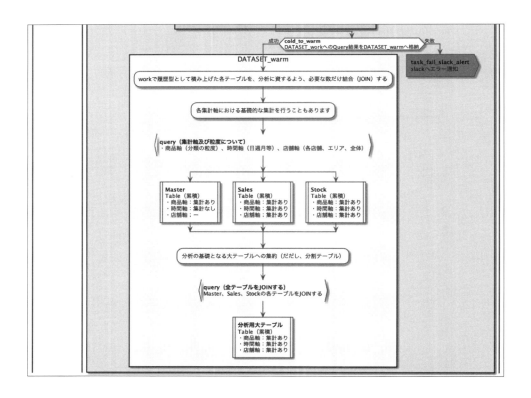

DWH構築のためのDAG

　さて、以上を踏まえ、図解したフローに沿った内容のDWH用のサンプルDAGをご紹介します。マスタ系のテーブルについて、phase_4まで持っていくためのDAGです。

　なお、マスタ系のテーブルとトランザクション系のテーブルで、日次で連携されるデータ量が大分異なるので、ケースによっては、それぞれパーティションテーブルとするか否か等、検討事項が出てくるかもしれません。ここに示すDAGはあくまでも汎用的と想定される部分を掲げた一例であり、実際のケースでは、細部を作りこむ必要が出てきます。

　サンプルDAGのフォルダ構成については、次のようになります。dagsフォルダ直下にDAG、サブフォルダとしてtables、Schema、クエリを作成し、そこにtables.json、各種Schema、クエリ（sqlファイル）を入れます。

▼ 図5-31:DWH構築のためのDAG

▼ dwh_sample.py

```python
#!/usr/bin/env python3
# -*- coding: utf-8 -*-

import codecs
import json
from datetime import timedelta, datetime

from airflow.models import DAG
from airflow.contrib.operators.gcs_to_bq import GoogleCloudStorageToBigQueryOperator
from airflow.contrib.sensors.gcs_sensor import GoogleCloudStoragePrefixSensor
from airflow.contrib.operators.bigquery_operator import BigQueryOperator
from airflow.operators.dummy_operator import DummyOperator

from airflow.hooks.base_hook import BaseHook
from airflow.contrib.operators.slack_webhook_operator import SlackWebhookOperator

import pendulum

local_tz = pendulum.timezone("Asia/Tokyo")


# エラー発生時にSlackへ通知するためのfunctionを定義します。
# なお、このslack aleatのスクリプトは、Kaxil氏から提供して頂いたものです。
# ご本人の許諾を得て掲載しており、以下の記事で公開されています。
# https://medium.com/datareply/integrating-slack-alerts-in-airflow-c9dcd155105
def task_fail_slack_alert(context):
    slack_webhook_token = BaseHook.get_connection('slack').password
```

```python
    slack_msg = """
            :red_circle: Task Failed.
            *Task*: {task}
            *Dag*: {dag}
            *Execution Time*: {exec_date}
            *Log Url*: {log_url}
            """.format(
        task=context.get('task_instance').task_id,
        dag=context.get('task_instance').dag_id,
        ti=context.get('task_instance'),
        exec_date=local_tz.convert(context.get('execution_date')),
        log_url=context.get('task_instance').log_url
    )
    failed_alert = SlackWebhookOperator(
        task_id='slack_test',
        http_conn_id='slack',
        webhook_token=slack_webhook_token,
        message=slack_msg,
        username='airflow',
        dag=dag)
    return failed_alert.execute(context=context)


default_args = {
    'owner': 'Airflow',
    'start_date': datetime(2019, 9, 30, tzinfo=local_tz),
    # 'end_date': datetime(2020, 12, 31), # 必要があれば設定する
    'depends_on_past': True,
    'retries': 1,
    'retry_delay': timedelta(minutes=1),
    # 'on_failure_callback': task_fail_slack_alert,
    'catchup_by_default': True
}


dag = DAG('dwh_samle', schedule_interval='@daily',
        catchup=False, default_args=default_args)


PROJECT_NAME = "shuwa-gcp-book"
BUCKET_NAME = "composer_source"



"""
DWH向けのサンプルDAGです。
なお、このサンプルでは、json及びsqlファイルにより、ワークフローにおいて処理
```

5.4 ワークフローのオーケストレーション

するテーブルの種類やクエリを外部ファイルとして定義し、それを読み込む方法で
処理しています。
```
"""

# 複数テーブルのJOIN時に利用するダミーオペレータを先に定義します。
wait_sales = DummyOperator(
    task_id='wait_sales',
    trigger_rule='all_success',
    dag=dag,
)
wait_stock = DummyOperator(
    task_id='wait_stock',
    trigger_rule='all_success',
    dag=dag,
)
wait_customer = DummyOperator(
    task_id='wait_customer',
    trigger_rule='all_success',
    dag=dag,
)


# importへload；yyyymmdd付きの日別テーブルとします。
with codecs.open('/home/airflow/gcs/dags/tables/tables.json', 'r', 'utf-8')
as f:
    tables = json.load(f)


    for i in tables:
        # GCSバケットのファイルを検知する。
        sense_file = GoogleCloudStoragePrefixSensor(
            task_id='sense_file_{0}'.format(i['name']),
            bucket=BUCKET_NAME,
            prefix='{0}_{1}'.format(
                i['name'], '{{(execution_date + macros.timedelta(days=2)).
strftime("%Y%m%d")}}'),
            dag=dag
        )
        # ファイルをimportへloadし、日別テーブルとします。
        # 'source_objects'パラメータの部分で、*(ワイルドカード)を使っています。
これは、年月日の後ろに時刻の情報が含まれる場合があり、それへの対応策です。
        with codecs.open('/home/airflow/gcs/dags/schema/{0}.json'.
format(i['name']), 'r', 'utf-8') as f:
            schema = json.load(f)
            gcs_to_bq = GoogleCloudStorageToBigQueryOperator(
                task_id='gcs_to_bq_{0}'.format(i['name']),
```

```
                bucket=BUCKET_NAME,
                source_objects=['{0}_{1}*.csv'.format(
                    i['name'], '{{(execution_date + macros.
timedelta(days=2)).strftime("%Y%m%d")}}')],
                source_format='CSV',
                schema_fields=schema,
                skip_leading_rows=1,
                destination_project_dataset_table='{0}.import.{1}_{2}'.
format(
                    PROJECT_NAME, i['name'], '{{(execution_date + macros.
timedelta(days=2)).strftime("%Y%m%d")}}'),
                create_disposition='CREATE_IF_NEEDED',
                write_disposition='WRITE_TRUNCATE',
                dag=dag,
            )
```

importのテーブルにクレンジング用のクエリを投げ、その結果をcoldのテーブルとして格納します。日別テーブルとします。

```
        with codecs.open('/home/airflow/gcs/dags/query/to_cold_{0}.sql'.
format(i['name']), 'r', 'utf-8') as f:
            query = f.read()
            query = query.format(
                '{{(execution_date + macros.timedelta(days=2)).
strftime("%Y%m%d")}}', 'import')
            import_to_cold = BigQueryOperator(
                task_id='import_to_cold_{0}'.format(i['name']),
                sql=query,
                destination_dataset_table='{0}.cold.{1}_{2}'.format(
                    PROJECT_NAME, i['name'], '{{(execution_date + macros.
timedelta(days=2)).strftime("%Y%m%d")}}'),
                create_disposition='CREATE_IF_NEEDED',
                write_disposition='WRITE_TRUNCATE',
                use_legacy_sql=False,
                dag=dag,
            )
```

coldのテーブルをworkの大テーブルにappendします。
履歴型のテーブルとする場合、fromDate、toDateをつけてMergeするなど、クエリに工夫が必要です。なお、Mergeする場合は、BigQueryOperatorのパラメータが変わる点に注意してください。'destination_dataset_table'の指定ができなくなります。

```
        with codecs.open('/home/airflow/gcs/dags/query/to_work_{0}.sql'.
format(i['name']), 'r', 'utf-8') as f:
            query = f.read()
            query = query.format(
                'cold', '{{(execution_date + macros.timedelta(days=2)).
```

```
strftime("%Y%m%d")}}')
        cold_to_work = BigQueryOperator(
            task_id='cold_to_work_{0}'.format(i['name']),
            sql=query,
            destination_dataset_table='{0}.work.{1}'.format(
                PROJECT_NAME, i['name']),
            create_disposition='CREATE_IF_NEEDED',
            write_disposition='WRITE_APPEND',
            use_legacy_sql=False,
            dag=dag,
        )

    # 個別に定義したOperatorの依存関係を定義します。
    sense_file >> gcs_to_bq >> import_to_cold >> cold_to_work

    # sales関連テーブルがwork段階に全て揃うのをダミーオペレータを使って
実施します。
        if i['join_sales'] == 1:
            cold_to_work >> wait_sales

    # stock関連テーブルがwork段階に全て揃うのをダミーオペレータを使って
実施します。
        if i['join_stock'] == 1:
            cold_to_work >> wait_stock

    # customer関連テーブルがwork段階に全て揃うのをダミーオペレータを使っ
て実施します。
        if i['join_customer'] == 1:
            cold_to_work >> wait_customer

# workデータセットにあるsales関連のテーブルを結合します。
with codecs.open('/home/airflow/gcs/dags/query/join_sales.sql', 'r', 'utf-
8') as f:
    query = f.read()
    query = query.format(PROJECT_NAME)
    join_sales = BigQueryOperator(
        task_id='join_sales',
        sql=query,
        destination_dataset_table='{0}.warm.sales_joined'.format(PROJECT_
NAME),
        create_disposition='CREATE_IF_NEEDED',
        write_disposition='WRITE_TRUNCATE',
        use_legacy_sql=False,
        dag=dag
```

```
    )

    wait_sales >> join_sales


# workデータセットにあるstock関連のテーブルを結合します。
with codecs.open('/home/airflow/gcs/dags/query/join_stock.sql', 'r', 'utf-
8') as f:
    query = f.read()
    query = query.format(PROJECT_NAME)
    join_stock = BigQueryOperator(
        task_id='join_stock',
        sql=query,
        destination_dataset_table='{0}.warm.stock_joined'.format(PROJECT_
NAME),
        create_disposition='CREATE_IF_NEEDED',
        write_disposition='WRITE_TRUNCATE',
        use_legacy_sql=False,
        dag=dag
    )

    wait_stock >> join_stock

# workデータセットにあるstock関連のテーブルを結合します。
with codecs.open('/home/airflow/gcs/dags/query/join_customer.sql', 'r', 'utf-
8') as f:
    query = f.read()
    query = query.format(PROJECT_NAME)
    join_customer = BigQueryOperator(
        task_id='join_customer',
        sql=query,
        destination_dataset_table='{0}.warm.customer_joined'.format(
            PROJECT_NAME),
        create_disposition='CREATE_IF_NEEDED',
        write_disposition='WRITE_TRUNCATE',
        use_legacy_sql=False,
        dag=dag
    )

    wait_customer >> join_customer
```

　上のdwh_sample.pyを実行すると、Airflow UIに、次のようなタスクの実行状況が表示されます。個々のOperatorと依存関係、また各テーブルを検知する最初のセンサーが動いているのが見て取れます。

▼ 図5-32：サンプルDWHのGraphView

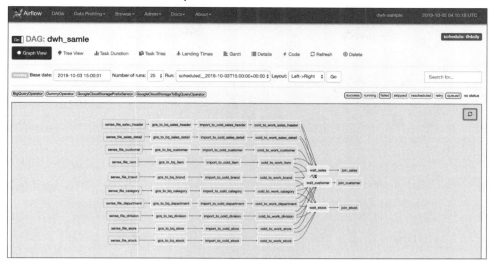

5.4.5 モニタリング

ワークフローの可視化 - AirflowのUI -

　これまで実際にDAGを作成し、その動きを確認してきました。その際に度々ご紹介したAirflowのUIについて、ここで整理してご紹介したいと思います。

　このUIは、Airflowの特徴の1つでもあり、複雑に入り組んだワークフローであっても、それが可視化されるため、目視で確認することができます。加えて、DAGの実行や、個々のtaskについて、その実行等を操作することができます。

　ここでは、前にご紹介したDAG（branch_python_operator.py）の実行を例にとって、解説したいと思います。

DAGs View（Top page）

　はじめに、DAGs Viewです。これがAirflow UIのトップページになります。URLは次のようになります。

    https://dwh-sample.appspot.com/admin/

　①このページでは、定義したDAGの一覧が、概略と共に表示されます。直近の'Operation'実行について、一覧することができます。

▼ 図5-33：DAGs View(Top page)

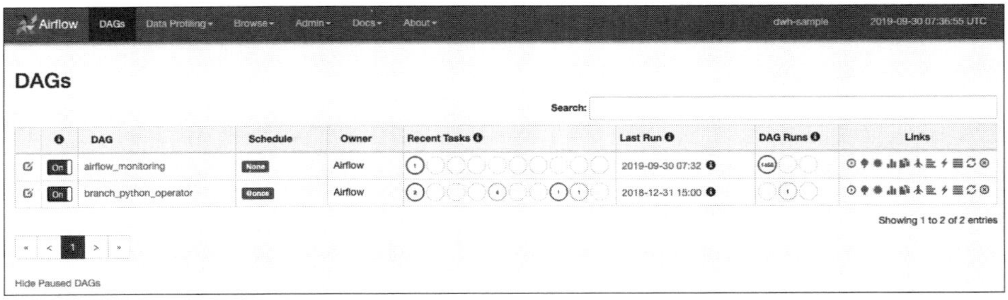

②各DAGについては、定義した'Operation'とその実行について、複数の異なる角度からのViewが用意されています。Graph View、Tree View、Gantt Chart、Task Duration等があります。

　Graph ViewとTree Viewが頻用されるものと想定し、ここでは、その解説をします。
　Graph Viewは、各'Operation'とその依存関係を、'Operation'については角丸長方形で、依存関係については左から右に矢印でつなげて、表現したものです。ワークフローとその成否を直感的に把握しやすいと思います。

　Tree Viewは、各'Operation'とその依存関係を樹状構造に分解した表現、及びその右横に時系列でDAG及び各'Operation'実行の成否を表現したものです。複雑なワークフローを組んだ時など、どこに'Operation'処理の遅れがあるのか否か等を素早く確認することができます。

▼ 図5-34：Graph View

▼ 図5-35：Tree View

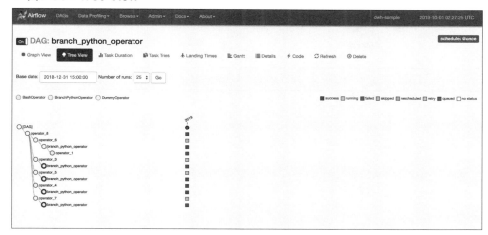

Data Profiling

　このUIは、Airflowと関連づけられている各種DBから、必要な情報をクエリで抽出し、また、チャートで可視化することができます。Ad Hoc Queryの一例を掲げます。

▼ 図5-36：Data Profiling

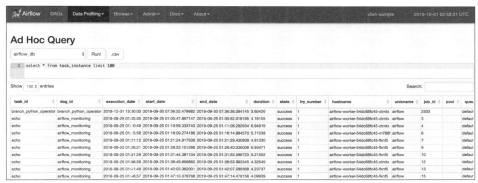

Browse

　このUIは、全てのDAGに関し、次の情報を取得し、必要な設定をすることができます。

● 1. Sla Misses

　SLA（Service Level Agreement）を、DAGの実行開始からの許容経過時間として定義できます。

Chapter 5 データ収集の自動化

2. Task Instances

DAGが実行された際の、その概略を、'Operation'単位で、閲覧できます。

3. Logs

GCSのlogsフォルダに 'DAG/task/date/log_file' という構成で、実行された各taskのログが保存されます。このUIでは、それに加えて、UI上の操作履歴のlogを見ることができます。

4. Jobs

Composerの場合、GKE上で、schedulerとworkerが各Containerに割り当てられており、'Operation'の分散処理をCeleryExecutorが実施します。このUIでは、これらContainerごとのDAGの実行状況を閲覧できます。 なお、Airflowにおけるheartbeatには2種類あり、このUIで確認できるLatest Heartbeatは、次のうちの前者です。

- scheduler_heartbeat_sec：Schedullerが新'Operation'を実行する頻度を秒単位で設定するものです(Composerでは独自設定不可)。
- job_heartbeat_sec；Task instanceが実行中の'Operation'のclear等がないか確認する頻度を秒単位で設定するものです(Composerでは独自設定不可)。

5. DAG Runs

DAGが実行された際の、Dag Id、Run Id、実行時間、トリガーの種類(スケジュールあるいは手動)が閲覧できます。実行中(running)のtaskであれば、Run_idのリンクをクリックして進むと、個々のtaskの実行状況を閲覧できるページに遷移します。

Admin

このUIでは、Airflowの中枢に関する情報の閲覧、必要な設定をすることができます。そのうちのいくつかをご紹介します。

i. Pools

taskの最大同時実行数が関係するため、6.4.6.で解説します。

ii. Configuration

Cloud Composerの各種設定について一覧できます。設定それ自身は、上書き可能な項目について、コンソールから行います。

iii. Connections

外部システムとの連携に関する情報が一覧でき、また、必要に応じて連携情報を追加できます。例えば、後継のSlackによるエラー通知を実装する場合、ここに必要事項を設定する必要があります。詳細については、下記ブログを参考にしてください。

180

▼ 参照元

https://medium.com/datareply/integrating-slack-alerts-in-airflow-c9dcd155105

▼ 図5-37：Connections

● iv. XComs

前述したXComsに関する実行状況、またUIからの設定ができるUIです。xcomのDAGでプッシュ、プルされた内容が表示されています。

▼ 図5-38：Xcoms

Docs

このUIは、ドキュメント及びソースコードのおいてあるGithubへのリンクです。なお、Cloud Composerが採用するAirflowのバージョンに注意してください。

Airflowの各バージョンについては、以下のリンクから探しましょう。

https://readthedocs.org/projects/airflow/

監視

● 'task'実行の成否

前述のように、AirflowのUIに、各'task'実行の成否が表示されます。DAGs VIew、Graph View、Tree Viewの各々において確認することができます。

● Google Stackdriver

Cloud Composerの実行を支えるGKEの監視については、Google Stackdriver等のモニタリングサービスを利用することになるでしょう。

他方、各'task'の実行におけるエラー等の監視については、'task'の成否に関連づけて、通知する仕組みを実装する必要があります。本書では、Slackへエラー通知を飛ばす関数を実装する例をご紹介しましたが、必要に応じた工夫が必要になるでしょう。

5.4.6 Composerのチューニング

これまで見てきたように、Cloud Composerは'Operation'というスモールサービスを、依存関係を定義して順番に、また、並列的に、実行することができます。

ただ、その'Operation'の数が多くなると、もちろんのことながら、その実行を支えるGKEに大きな負荷が掛かります。それゆえ、実施するサービスを実現可能なだけのnode数及びスペックを、事前に探っておく必要があります。

ここでは、センサーの並列実行を利用して、'Operation'の個別具体的な実行である'task instance'の最大同時実行数を探る一例をご紹介します。

最初に、'task instance'の最大同時実行数に絡むApache Airflowの設定項目について解説し、それを踏まえた負荷テストについて説明します。

◆ Apache AirflowのConfiguration

Composerでは、コンソールの'AIRFLOW CONFIGURATION OVERRIDES'から、Apache Airflow 構成のプロパティをオーバーライドできます。チューニングを要するプロパティについては、ここでデフォルト値をオーバーライドします。

▼ 図5-39：Apache AirflowのConfiguration

▼ 図5-40：Apache AirflowのConfiguration_編集

▼ 図5-41：Apache AirflowのConfiguration_オーバーライド

'task instance'の最大同時実行数

　チューニングを要するケースとして想定されるのが、数多くの'task instance'の同時実行です。Composerは、DAGで定義したスケジュールに沿ってSchedulerがWorkerに'task'を実行させますが、その際Celery Executorによって'task'の分散処理がなされます。その分散処理をする際の'task instance'の最大同時実行数を、コンソールから設

定することができます。

　実際にDWHを構築する際には、1つや2つではなく、何百何千あるいは何万という
テーブルを外部データソースから連携することになるでしょう。その際、例えばセン
サーを使った構成にするのであれば、上記数分のセンサーが同時実行されることにな
ります。その場合には、以下各項目を、必要に応じた数に設定する必要があります。

　以下に、設定可能な項目を挙げます。

● [core]:

1. parallelism: Composer上で同時実行可能な'task instance'の最大数を設定する。
2. dag_concurrency: schedullerにより同時実行する'task instance'の数を設定する。
3. non_pooled_task_slot_count: pool数を設定する。デフォルトは128。
4. max_active_dag_runs_per_dag: DAGはスケジュールあるいは外部トリガーによって実行されるが、日付を遡及した複数の実行、かつ／あるいは外部トリガーによる複数実行の際の最大DAG実行数を設定する。なお、同時実行する'task instance'数を制限するものではない点に注意。この点は、Poolという機能で行う。

● [scheduler]:

1. schedule_heartbeat_sec: スケジューラーの実行頻度を設定する（秒単位）。
2. min_file_process_interval: dagsフォルダに存在するファイル読み込みを、何秒に一度行うかを設定する。

● [worker]:

1. worker_concurrency: ワーカーあたりの'task instance'の同時実行の最大数を設定する。

負荷テスト

● 1. 意義

　数百、時には数万といった数のテーブル群を、加工し結合する、といった処理を行う場合、その際の'Operation'には、CPUやメモリに非常に大きな負荷のかかるものが出てきます。

　このような場合、デフォルトのスペックやnode数ではリソースが不足し、処理が思うように進まず、エラーが出てしまう場合もあるでしょう。

　それゆえ、DWHで実施する'Operation'の内容に沿って、妥当なスペックやnode数を決める必要があります。そのためには、生じうる事態を想定し、それに沿った内容の負荷テストを行う必要があります。

　ここでは、センサーを同時実行する必要がある場合を想定し、Airflowの設定を調整しながらテストした内容をご紹介したいと思います。

● 2. 試験内容

このテストでは、200のセンサーを同時実行する際に必要なnode数及び設定を確認しました。

項目	値
テーブル数	200
同時実行するセンサー数	200

● 3. 環境構築について

■ (1)変更不可部分

最初の環境構築時にのみ指定しうる内容があり、本テスト時には、次のように設定しました。

設定項目	設定値
zone	us-central1-c
machine type	n1-standard-1
Disk size(GB)	20
Image version	composer-1.7.5-airflow-1.10.2
Python version	3

■ (2)可変部分

環境構築後に変えられるのは、この環境の実行に使用するGKEクラスタのノード数のみです。なお、スペックの変更もできません。

● 4. チューニングその1

まずは、node数をデフォルトの3とし、下表の設定で200テーブルのセンサーをJOBとして登録しました。

設定項目	設定値
node count	3

section	キー	設定値
core	dagbag_import_timeout	30
core	parallelism	30
core	dag_concurrency	15
celery	worker_concurrency	6

この設定の場合、次のような結果になりました。

section	設定値
queue	15
running	15

● 5. チューニングその2

次に、下表の設定で200テーブルのセンサーをJOBとして登録しました。

設定項目	設定値
node count	3

section	キー	設定値
core	dagbag_import_timeout	60
core	parallelism	250
core	dag_concurrency	220
celery	worker_concurrency	6

この設定の場合、次のような結果になりました。

section	設定値
queue	200
running	18

● 6. チューニングその3

次に、下表の設定で200テーブルのセンサーをJOBとして登録しました。

設定項目	設定値
node count	3

section	キー	設定値
core	dagbag_import_timeout	60
core	parallelism	250
core	dag_concurrency	220
celery	worker_concurrency	12

この設定の場合、一気に90までtaskの同時実行が始まりました。しかしながら、その後、taskの4割近くがリスタートになりました。インスタンスグループのCPU使用率もがくんと落ちる結果になりました。

section	設定値
queue	200
running	90
restart	taskの4割近く
GKEのnode	memory pressureの警告

Airflow UIに表示されるtaskの同時実行状況は次図のようになりました。

> **Note**
>
> 下段のRecent Tasksが負荷テストの結果です（以下同様）。

▼ 図5-42：負荷テスト_1

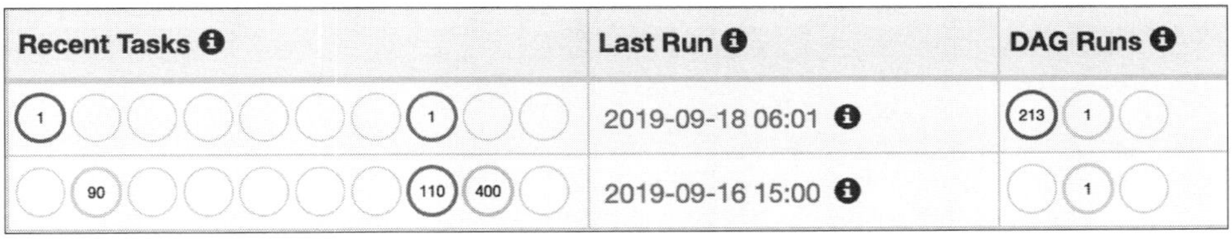

Recent Tasks ❶								Last Run ❶	DAG Runs ❶	
①1	◯	◯	◯	◯	◯	①1	◯	2019-09-18 06:01 ❶	②213 ①1	◯
◯	90	◯	◯	◯	◯	110 400	◯	2019-09-16 15:00 ❶	①1	◯

▼ 図5-43：負荷テスト_2

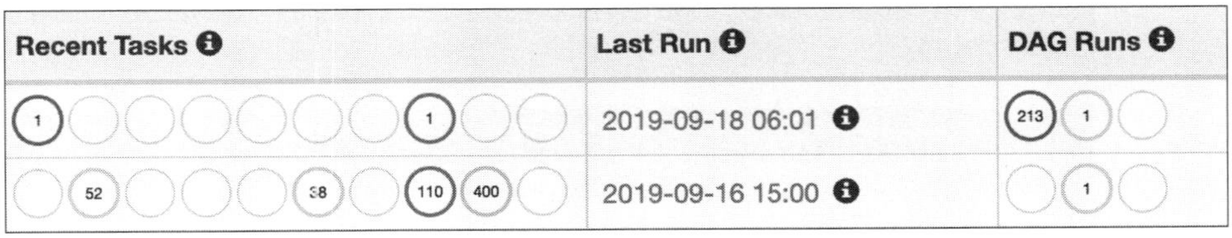

Recent Tasks ❶								Last Run ❶	DAG Runs ❶	
①1	◯	◯	◯	◯	◯	①1	◯	2019-09-18 06:01 ❶	②213 ①1	◯
◯	52	◯	◯	◯	58	110 400	◯	2019-09-16 15:00 ❶	①1	◯

Chapter 5 データ収集の自動化

▼ 図5-44：負荷テスト_3

● 7. チューニングその4

次に、下表の設定で200テーブルのセンサーをJOBとして登録しました。

設定項目	設定値
node count	4

section	キー	設定値
core	dagbag_import_timeout	60
core	parallelism	250
core	dag_concurrency	220
celery	worker_concurrency	12

この設定の場合、170以上までtaskの同時実行数が増大しました。

section	設定値
queue	200
running	170以上
GKEのnode	memory pressureの警告

▼ 図5-45：負荷テスト_4

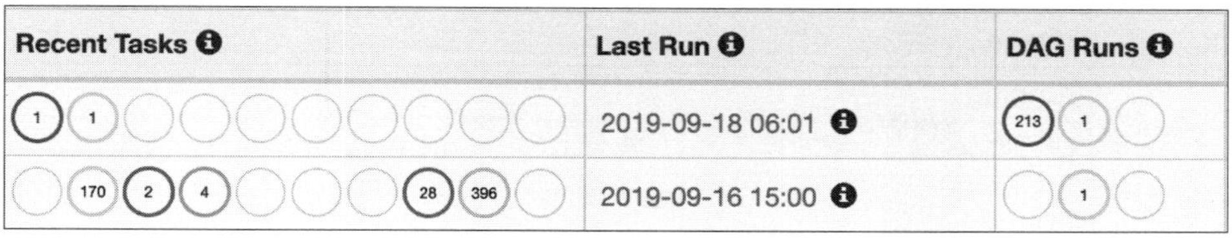

▼ 図5-46：負荷テスト_5

● 8. チューニングその5

次に、下表の設定で200テーブルのセンサーをJOBとして登録しました。

設定項目	設定値
node count	5

section	キー	設定値
core	dagbag_import_timeout	60
core	parallelism	250
core	dag_concurrency	220
celery	worker_concurrency	12

この設定の場合、170以上までtaskの同時実行数が増大しました。

section	設定値
queue	200
running	200
GKEのnode	memory pressureの警告が消滅

▼ 図5-47：負荷テスト_6

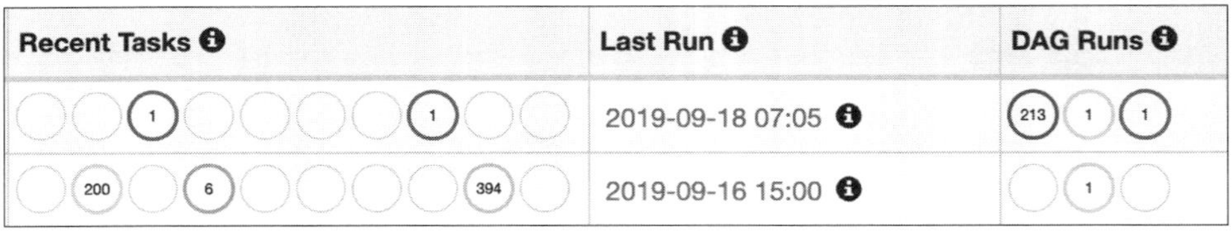

▼ 図5-48：負荷テスト_7

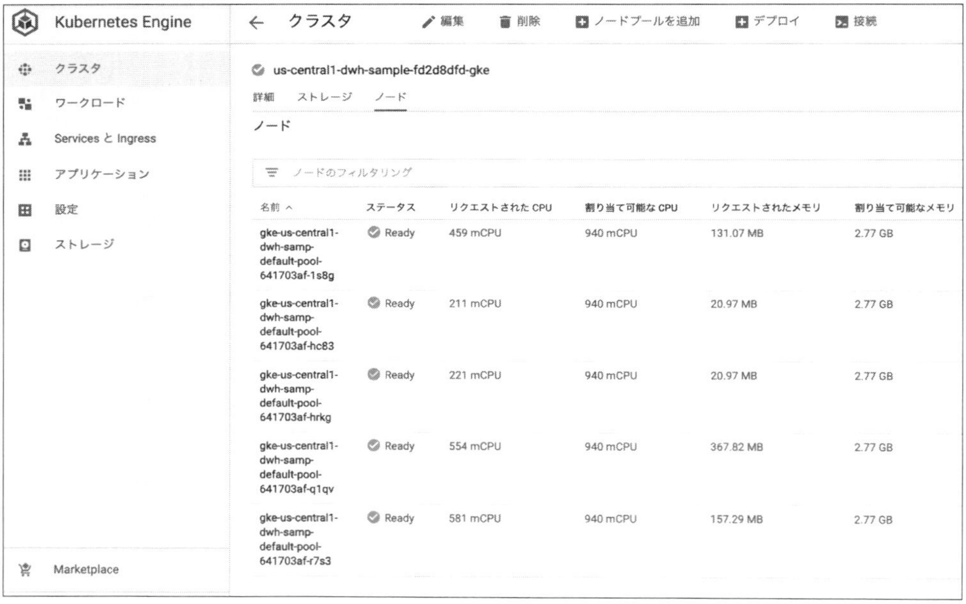

● 9. 結論

　チューニングその5の設定で、同時実行数が200に達し、それ以前に警告の出ていたメモリプレッシャーがなくなりました。

　以上のように、開発段階ではデフォルトのスペックで稼働させてコストを抑え、負荷テストを行った上で、production環境においてはハイスペックタイプに変更するなど、別の構成を採用する必要が出てくる場合もあるでしょう。

Poolについて

　他方で、'task_instance'の最大同時実行数を制限したい場合もあるでしょう。特定のあるいは全ての'task'群について、必ずしも同時実行する必要はなく、時間をずらして順繰りに処理が進めば済む場合、です。工夫が必要な場合もありえますが、node数やスペックをあげずに、効率よく数多くの'task'を処理できる可能性があります。

　また、この機能は、同時に'priority_weight'（Poolの中での優先順位）の設定が可能であり、必要な場面では有用です。

　ウェブUIのPoolに必要事項を設定するとともに、次のように、対象となる'Operation'を行うOperator（あるいは全ての'Operation'が対象であれば、default_argsに設定するなど）に、パラメータを設定します。

```
operator_1 = BashOperator(
    task_id='operator_1',
    bash_command='echo {}'.format(datetime.now()),
    pool='target_task',
    dag=dag,
)
```

▼ 図5-49：Pool

Column Cloud Datalab上でのデータ分析

● Cloud Datalabとは？

　Cloud Datalab は、ブラウザ上で、データ分析（機械学習を含む）に必要な Python コードを書き、それを直ちに実行し、その結果を可視化可能な（表やグラフ等々）、データ分析用のサービスです。いわゆる Jupyter Notebook のクラウド版です。

　ただ、GCP環境上で動かせるため、ローカルPCでは処理が困難であるビッグデータを容易に扱うことができます。

　また、ドキュメントにあるような利点があります。

・Cloud Datalab の /docs フォルダには、実行できるタスクについて説明した複数のチュートリアルとサンプルが格納されています。
・Cloud Datalab には、データ分析、可視化、機械学習向けに一般的に使用される一連のオープンソースの Python ライブラリが用意されています。
・ま　た、Google BigQuery、Google Machine Learning Engine、Google Dataflow、Google Cloud Storage など、主要な Google Cloud Platform サービスにアクセスするためのライブラリも追加されています。

▼ 参照元

https://cloud.google.com/datalab/docs/concepts/key-concepts?hl=ja

　以上を踏まえれば、データ分析には打って付けの環境と言えるでしょう。

● DWHから抽出したデータを使って汎用的な時系列解析

　Datalab上では、BigQueryに格納した様々なデータを対象に、機械学習をはじめ、時系列解析を用いた需要予測、在庫最適化等のアルゴリズム適用等々、をPythonのコードとして記述し、直ちに実行することができます。

　一例として、DWHのsalesテーブルから日次の商品販売数を集計し、汎用的な時系列解析ライブラリであるfbprophetを適用した例を掲げます。

①ローカルPCあるいはCloud Shellから、Cloud Datalab インスタンスを作成します。

　例として、インスタンスネームを'dwh-analysis'とします。

```
$ datalab create dwh-analysis
```

　しばらくすると、次のような表示が現れるので、リンクをクリックしてください。

5.4 ワークフローのオーケストレーション

▼図5-50：datalab create

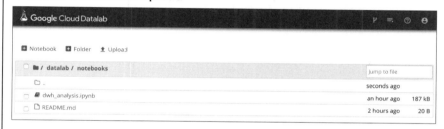

②リンクをクリックすると、次の画面が現れます。notebooksをクリックし、そのフォルダに新しいNotebookを作成するか、あるいは手元にあるjupyter notebookのファイルをアップロードしてください。ここでは、手元にあるdwh_analysis.ipynbファイルをアップロードしています。

▼図5-51：notebook upload

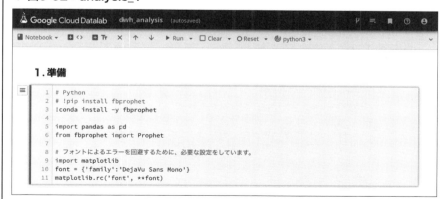

③dwh_analysis.ipynbをクリックすると、次の画面が現れます。新しいNotebookの場合は、空のセルが現れます。そこに必要なコードを書き込んでいくことになります。ここでは、すでに書かれたコードが現れています。

　まず、「1.準備」において、fbprophetのインストール、必要なライブラリのインポートを行っています。

▼図5-52：analysis_1

```
1. 準備

1  # Python
2  # !pip install fbprophet
3  !conda install -y fbprophet
4
5  import pandas as pd
6  from fbprophet import Prophet
7
8  # フォントによるエラーを回避するために、必要な設定をしています。
9  import matplotlib
10 font = {'family':'DejaVu Sans Mono'}
11 matplotlib.rc('font', **font)
```

④「2.簡易なデータ分析」において、販売数の時系列解析に必要な集計と、予測モデルの作成及び実際の予測を行っています。

最初に、BigQueryにある販売データの日次集計を行います。bqコマンドでqueryを投げると、集計結果が返ってきます。試しに表示しています。

▼ 図5-53：analysis_2

⑤次に、それをpandasのdataframeに格納します。試しに表示しています。

▼ 図5-54：analysis_3

⑥そして、PROPHETによる解析に必要な設定を行います。

▼ 図5-55：analysis_4

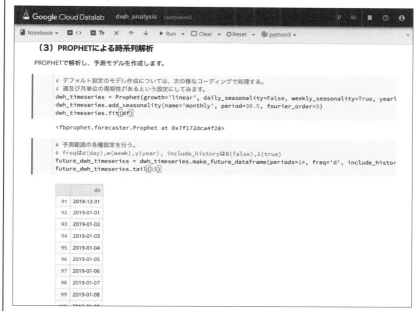

⑦予測モデルを作成し、実際に予測します。yhatが予測値であり、upperとlowerも同時に算出されます。

▼ 図5-56：analysis_5

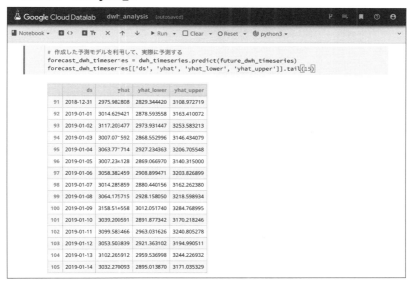

⑧ plotメソッドを使うと、実測値と予測値、そして前述のupperとlowerが可視化されます。右のほうにある黒点(実測値)のない部分が予測値です。

▼図5-57：analysis_6

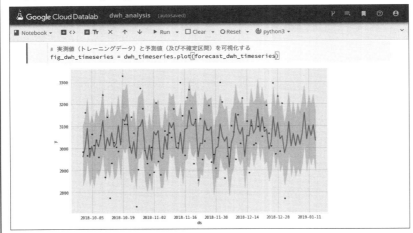

⑨ plot_componentsメソッドを使うと、トレンドと周期性が分解されて可視化されます。

▼図5-58：analysis_7

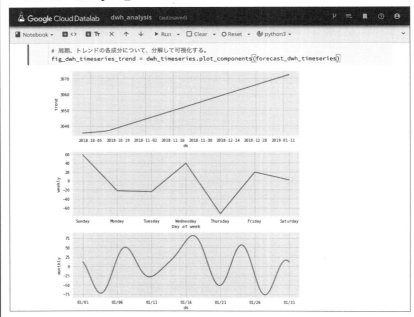

以上のように、非常に容易にモデル生成と予測が行えます。

ストリーミング処理での データ収集

データ分析の最終目標である意思決定を速めるためにはどのようなアプローチが考えられるでしょうか？ その答えの1つとして、継続的に収集し続けるデータをリアルタイムに分析するストリーミング分析の手法について、BigQueryの新機能とともにご紹介します。

Chapter 6 ストリーミング処理でのデータ収集

6.1 ストリーミング要件の確認

先輩、要望事項リストの中で書いてある意味がちょっとよくわからないものがあるのですが、見ていただけますか？

どれどれ……EC事業部からの要望ね。『ECサイトの売上データをストリーミングで分析できるようにならないか』？　これまた難しい要望が来たものね

ストリーミングで分析って、一体どういうことでしょうか？

その前に、『ストリーミングデータ』というデータの種類があることを教えておかないとね。ストリーミングデータはその名前の通り、まるで川の流れのように随時生成され続けるデータのことなんだけど、蓄積されたデータとは違って、流れてくるデータ量に制限はないことからビッグデータとして知られているわ

なるほど。例えばWebサイトのログを送信し続ければ、ストリーミングデータと呼べますか？

呼べるわね。他にもTwitterのツイートやIoTデバイスから送られてくるログなんかも、ストリーミングデータね

つまり、今までみたいにあるタイミングで一括して送られてきたバッチデータに対して分析するのではなく、リアルタイムに送られてくるデータに対し分析したい、ということですね

そのようね。EC事業部が運営するECサイトの会員数も急激に増加しているようだし、今までの分析方法では対応が後手に回ってしまうことが多かったんでしょうね

そういえばECサイトもクラウドに移行する話が出ていましたね

ストリーミング分析は色々なサービスを組み合わせないと実現できないから、クラウドサービスをフル活用する必要があるわ。やりがいはありそうだけど、構築と運営にかかるコストの話もあるから、一度分析の要件をヒアリングしにいきましょう

はい！

　データをストリーミングで分析したいという要望については、まずはデータ量や取り込み頻度、分析データの鮮度を確認します。異常検知やモニタリング用途ではなく傾向の把握が目的なのであれば、データ更新頻度を少し下げて定期的なバッチ読み込みを行う方式でも要望を満たせることがあります。

　どこまでは譲れない要望なのか、どこは妥協可能なのか、要望を出した人と良く話し合うことが大事です。

> **Column** Cloud OnAirを活用しましょう（再）
>
> 　一度ご紹介したCloud OnAirですが、この章で取り上げるストリーミングについても放送されており、基本的な考え方が学べるようになっていますので、併せて読むと理解しやすくなります。
>
> ▼Cloud OnAir　GCP 上でストリーミングデータ処理基盤を構築してみよう！
> 　（2018年9月13日 放送）
> 　放　送：（アップロードされていません）
> 　スライド：https://www.slideshare.net/GoogleCloudPlatformJP/cloud-onair-gcp-2018913

6.2 アーキテクチャの検討

Chapter 6 ストリーミング処理でのデータ収集

結局、ストリーミング分析ができるよう、分析基盤を拡張することになりましたね

EC事業部は会社の中で一番力がある部署なのよね。まあ、きちんと予算も下りるみたいだし全力で取り組むとしましょう

（初めからやりたかったんだろうなあ）
先輩のことだから、もう具体的な構想はされているんですよね？

そうね。まず、データの収集にはストリーム分析パイプラインの基盤として使用できる、イベントの取り込み・配信システムのCloud Pub/Subを使おうと考えているわ

ちょうどストリーミングについて調べていて公式ドキュメントを見ていたところでした。低レイテンシで色々なサービスにデータの橋渡しができるんですよね

▼ 図6-1：Cloud Pub/Sub の統合

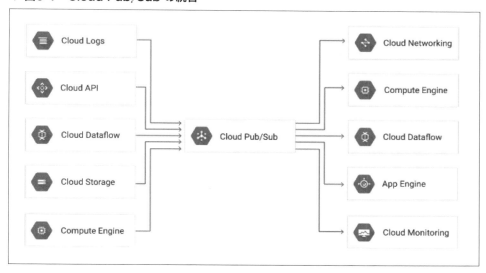

[出典：https://cloud.google.com/pubsub/docs/overview?hl=ja#cloud-pubsub-]

その図にもあるけれど、収集したデータの加工とBigQueryへの格納には、様々なデータ処理パターンの実行に対応したCloud Dataflowというサービスを使用するつもりよ

連携先のサービスが色々あって迷ってしまいますが、今回の要件でなければ他のものでも良いのでしょうか？

良い質問ね。アーキテクチャを正しく選定するためには、それぞれのサービスの仕様を理解しておく必要があるわ。例えば今回の売上データのように重複が許されない場合には注意が必要で、Cloud Pub/Subはat-least-once、つまり「少なくとも1回」イベント配信する仕組みだから、同じデータが2回送信されてしまう場合もあるの

データを受け取る側で何も対策をしないと二重計上になってしまいますね……

Cloud DataflowにはCloud Pub/Subのメッセージストリームをexactly-once、つまり「必ず1回だけ」取得するためのPubsubIOという機能を持っているの。それに、随時着信するデータをタイムスタンプや特定のキーでグループ化することもできるのよ

他のサービスだと自分で実装しないといけないんですね

重複を排除する仕組みは一見簡単そうに感じるかもしれないけど、とても難しい問題で対応しているアーキテクチャも限られているのよ。オープンソースプロダクトなら、例えばFlinkやSpark streamingが対応しているわ

なるほど。勉強になります

　売上データをストリーミングデータとして取り込んで分析したいという要望を満たすため、GCPのアーキテクチャを検討してみましょう。
　まず、BigQueryへのデータ読み込み方式は2パターンあります。

- バッチ方式
- ストリーミング方式

　バッチ方式は、ファイルやデータベースから一括で読み込み、処理が完了すると一括でBigQueryのテーブルに反映されます。
　途中でエラーが発生した（正確には、許容するエラー数のパラメータ値を超えた）場合は全てロールバックされ、データは追加されません。
　既存のテーブルに追加や上書きをする場合、処理が完了するまでは引き続き既存のテーブルのデータを参照できます。

　ストリーミング方式は、Cloud Pub/SubやInsert APIからデータを1レコードずつ読み込みます。
　こちらは1レコード読み込むたびにBigQueryのテーブルへ反映されますので、リアルタイムでBigQueryにデータを取り込んで分析に使えるという利点があります。
　反面、読み込み元とBigQueryの間のネットワークエラーやBigQueryの内部エラー

の影響を受けるため、リトライや重複排除の考慮が必要です。

BigQuery へのデータのストリーミングについては、公式ドキュメントも併せて確認してください。
https://cloud.google.com/bigquery/streaming-data-into-bigquery?hl=ja

バッチ方式でどこまで高頻度で読み込みできるか、以下のQuotaを考慮して試算してみます。

- 宛先テーブルの日次更新回数上限 - 1 日あたりテーブルごとに 1,000 回の更新
- 1 日あたりのテーブルあたり読み込みジョブ数 - 1,000（失敗を含む）
- 1 日あたりのプロジェクトあたり読み込みジョブ数 - 100,000（失敗を含む）
- 1 日あたりの最大テーブル オペレーション数 - 1,000
- テーブルごとの INSERT、UPDATE、DELETE、MERGE の各ステートメントを合わせた 1 日あたりの最大数 - 1,000

連携元が1箇所でデータの種類が1種の場合、1日の中で毎分読み込みすると1,440回になるのでQuotaを超えてしまいます。少し間隔を空けて、10分ごとの読み込みとすれば144回なのでQuotaは超えません。また、連携元が10箇所でもまとめて一度に読み込めば、回数は変わりません。

一方、連携元が1箇所でもデータの種類が10種の場合、10分ごとの読み込みとすると1,440回になってしまいます。

要件の実現と今後の拡張性を踏まえた上で、Quotaを意識してアーキテクチャを検討しましょう。

また、BigQueryのストリーミングインサートについてもQuotaがありますので、こちらも要件を満たせるか確認しましょう。

ベストエフォート型の重複排除という機能があり、行の挿入時に insertId を設定することで有効になります。この機能を使うと行の挿入時のQuotaは制限が厳しくなります。

▼ 共通

行の最大サイズ: 1 MB
HTTP リクエストのサイズの上限: 10 MB
リクエストあたりの最大行数: リクエストごとに 10,000 行
1 秒あたりの最大行数: 100 万行

▼ 行の挿入時に insertId フィールドの値を設定する場合

1 秒あたりの最大バイト数: 100 MB

▼ 行の挿入時に insertId フィールドに値を設定しない場合

| 1 秒あたりの最大バイト数: 1 GB |

　コスト面では、バッチ方式は無料ですがストリーミング方式は費用がかかります。米国（マルチリージョン）で200MB当たり$0.010となり、最小サイズ1KBで各行が計算されます。
　コスト面がネックとなり、バッチ方式で工夫する事例もあります。

　ここでは要望やQuotaやコストの面を考慮した結果、ストリーミング方式でBigQueryへ読み込み、分析に利用する構成を検証することにします。

　次に、BigQueryへストリーミングするための構成を考えます。
　一番シンプルなのは、BigQueryのAPIへのリクエストでストリーミングインサートする方式です。
　また、マネージドサービスを用いた構成として、Cloud Pub/SubとCloud Dataflowを介する方式があります。

▼ 図6-2：ストリーミング処理のためのアーキテクチャ

　Cloud Pub/Subは、グローバルなリアルタイムメッセージングサービスです。メッセージを送信する側と通信するパブリッシャー、メッセージを受信する側と通信するサブスクライバーで構成され、それぞれ自動でスケールします。
　今回の例では、売上データをCloud Pub/Subのパブリッシャーに対してメッセージ送信します。

　Cloud Dataflowは前の章でも紹介していますが、バッチデータ処理だけでなくストリーミングデータ処理を実行する環境もフルマネージドで提供します。
　Cloud DataflowのジョブをストリーミングタイプでリクエストしておきCloud Pub/Subに入ってきたメッセージをCloud Dataflowが読み込んで処理し、BigQueryへストリーミングインサートする流れとなります。

　この方式を取る際、アーキテクチャとして2つのパターンが考えられますので、それぞれ紹介します。

6.2.1 マスタとの結合をBigQueryで行うパターン

Pub/SubからDataflowを経由してBigQueryのテーブルへ書き込んだ後、マスタデータが入っているBigQuery上の別テーブルとJOINしたビューを介してデータを参照するパターンです。

▼図6-3：マスタとの結合をBigQueryで行うパターン

この場合、Dataflowの処理ではJOINしないため、Dataflowの処理が簡潔になります。
BigQueryで分析クエリを実行した際に、BigQueryのリソースを使用して都度JOINして参照します。

6.2.2 マスタとの結合をDataflowで行うパターン

Pub/Subから取得する売上データとBigQueryから取得するマスタデータをDataflowでJOINし、BigQueryのテーブルへ読み込んだ後、ビューを介してデータを参照するパターンです。

▼図6-4：マスタとの結合をDataflowで行うパターン

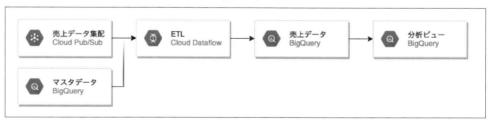

この場合、DataflowでJOINするため、Dataflowの処理を作り込む必要があります。
BigQueryへ読み込んだ時点でJOIN済なので、ビューを介してデータを参照する際に、BigQueryのリソースはほとんど使用せずに参照できます。

Chapter 6　ストリーミング処理でのデータ収集

6.2.3　アーキテクチャの比較

ここまでの方式案を比較してみます。

▼ 表6-1：アーキテクチャの比較

	A案	B案	C案
実装方式	BigQuery API＋クライアントライブラリ	Apache Beam＋SQL	Apache Beam＋SQL
マスタの結合処理の実装箇所	BigQuery	BigQuery	Dataflow
分析クエリの速度	○	○	◎
スケーリング	クライアントの実装に依存	◎	◎
マネージド	クライアントの実装に依存	○	○
実装の容易さ	◎	○	△

A案はAPIを直接呼び出す方式で、スケーリングやマネージドはクライアント依存としました。

C案はDataflowの処理でJOINの実装が必要なため、初めての人向けには△としました。

分析クエリの速度はC案だけJOINを先に済ませているので◎としましたが、分析ビューをテーブル生成に切り替えれば差は無くなります。

Dataflowの処理の実装は、Apache Beamを用いたコードに加えて、Cloud Dataflow SQL（執筆時点ではアルファ版）というApache Beamのコードの代わりにSQLで処理を記述できる機能でも可能になりました。Apache Beamのコードなら細かなロジック実装や便利な機能を実装できるので習得したいところですが、今回はSQLが書ける方向けの入門として、設定とDataflow SQLを利用する方法で紹介します。

注意点として、この機能はアルファ版のため様々な制約があったり、今後機能が変更されたり、SLAが定義されていない点は認識しておく必要があり、あくまで検証用に使うよう公式ドキュメントやコンソール画面に注意書きがあります。実利用の際は必ず公式ドキュメントを確認してください。

以降では**B案をDataflow SQLで実現する方法**について紹介します。

Chapter 6 ストリーミング処理でのデータ収集

6.3 ストリーミングパイプラインの実装

アーキテクチャは決まったけど、その後の学習は順調?

Cloud Dataflowについて学習を進めていますが、難しいですね……。プログラミング未経験の私には、勉強することがとても多いです

そうね。DataflowはApache Beamという大規模な分散データ処理を定義するための抽象化されたプログラミングモデルで記述する必要があるのだけれど、プログラミング経験があっても中々馴染みのない書き方だから、戸惑う人も多いかもしれないわ

Beamで記述することのメリットには、何があるんでしょうか?

バッチとストリーミングの両方のパイプライン処理に対応していることや、SparkやFlinkといった他のオープンソースプロダクトもBeamをサポートしていることかしら。ただ、ガイドライン[※1]がまだ日本語化されていないから、コンセプトを理解するのにも壁があることも確かね

開発言語としてはJavaやPython、Golangで記述できるみたいですね

PythonやGolangは使用できる機能が限られているから、全ての機能を使いたいならJavaを選ぶ必要があるわ。後はSpotifyが開発しているJava SDKのラッパーであるScio[※2]を使えばScalaで書くことができるわね

ストリーミングデータの場合は、データを格納するのも大変なんですね……

まだ本番には使えないのだけれど、そんなあなたのような人のためにDataflowSQLという機能が公開されているから、これから一緒に触ってみましょう。SQLの知識だけで手軽にストリーミングパイプラインが構築できるから、ストリーミング分析の入門にはちょうど良いと思うわ

そんな機能もあるんですね（触っているうちに一般公開されることを願おう……）

※1 https://beam.apache.org/documentation/programming-guide/
※2 https://github.com/spotify/scio

ストリーミングパイプラインとして、以下の機能を順に実装していきましょう。

▼ 図6-5：パイプラインの構成

6.3.1 リアルタイムデータのデータ収集

Pub/Subで売上データを集信、配信するために、Pub/Subでメッセージを受け取るためのトピックを作成します。

その後、Dataflow SQLでPub/Subトピックをインプットとして扱うために、Pub/Subトピックにスキーマを割り当てます。これにより、Pub/Subトピックのデータに対してSQLでクエリを実行できるようになります。

Pub/Subトピックの作成

Pub/Subのコンソール画面を開き、「トピックを作成」をクリックすると、作成画面が表示されます。

トピックIDにsalesと入力し、「トピックを作成」をクリックします。

▼ 図6-6：トピックの作成

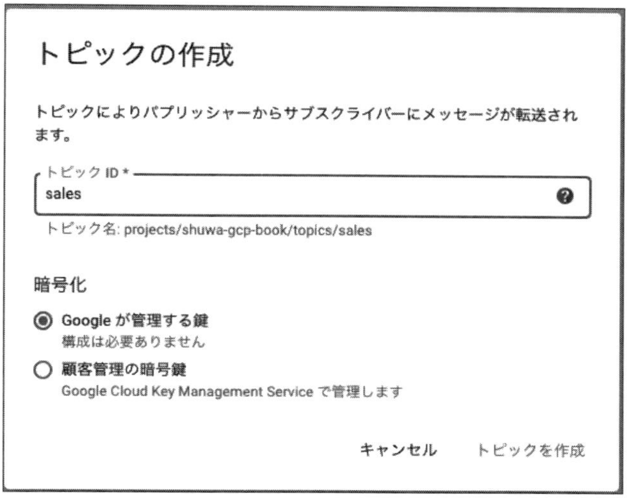

次ページの画面が表示されれば、作成完了です。

▼ 図6-7：トピックの詳細

トピックはgcloudコマンドでも作成できます。
Cloud Shellを起動して、以下のコマンドを実行します。

```
$ gcloud pubsub topics create sales
```

Pub/Subトピックへのスキーマ割り当て

Pub/Subトピックにスキーマを割り当てます。これはコンソール画面で設定できないため、設定ファイルを作成してコマンドで割り当てます。

以下のスキーマ定義ファイル（topic_schema.yaml）を準備します。

```
- column: event_timestamp
  description: Pub/Sub event timestamp
  mode: REQUIRED
  type: TIMESTAMP
- column: attributes
  description: Pub/Sub message attributes
  mode: NULLABLE
  type: MAP<STRING,STRING>
```

```yaml
- column: payload
  description: Pub/Sub message payload
  mode: NULLABLE
  type: STRUCT
  subcolumns:
    - column: sales_number
      description: 売上番号
      mode: NULLABLE
      type: INT64
    - column: sales_datetime
      description: 売上日時
      mode: NULLABLE
      type: STRING
    - column: sales_category
      description: 売上区分
      mode: NULLABLE
      type: STRING
    - column: department_code
      description: 部門コード
      mode: NULLABLE
      type: INT64
    - column: store_code
      description: 店舗コード
      mode: NULLABLE
      type: INT64
    - column: customer_code
      description: 顧客コード
      mode: NULLABLE
      type: INT64
    - column: employee_code
      description: 社員コード
      mode: NULLABLE
      type: INT64
    - column: detail
      description: 売上明細
      mode: NULLAELE
      type: STRUCT
      subcolumns:
        - column: item_code
          description: 商品コード
          mode: NULLABLE
          type: INT64
        - column: item_name
          description: 商品名
```

```
      mode: NULLABLE
      type: STRING
    - column: sale_unit_price
      description: 販売単価
      mode: NULLABLE
      type: INT64
    - column: sales_quantity
      description: 売上数量
      mode: NULLABLE
      type: INT64
    - column: discount_price
      description: 値引額
      mode: NULLABLE
      type: INT64
    - column: consumption_tax_rate
      description: 消費税率
      mode: NULLABLE
      type: INT64
    - column: consumption_tax_price
      description: 消費税額
      mode: NULLABLE
      type: INT64
    - column: sales_price
      description: 売上額
      mode: NULLABLE
      type: INT64
    - column: remarks
      description: 備考
      mode: NULLABLE
      type: STRING
```

　Cloud Shellのメニューから「ファイルのアップロード」を選択し、スキーマ定義ファイルをCloud Shell上へアップロードします。

▼ 図6-8：Cloud Shellからファイルをアップロード

　スキーマの割り当ては、Data Catalogで管理されます。
　Data Catalogは2019年に発表されたフルマネージドでスケーラブルなメタデータ管理サービスです。
　Data Catalogには、BigQueryやPub/Subのリソースにメタデータを付ける機能や、そのメタデータを使ってリソースを検索する機能があります。その機能を使ってDataflow SQLがメタデータ定義に従ってクエリできるようになったことから、今後さまざまな機能との接続に使われていくでしょう。

　Cloud Shellのgcloudコマンドラインツールを使用してスキーマを割り当てます。

```
$ gcloud beta data-catalog entries update \
  --lookup-entry='pubsub.topic.`[project-id]`.sales' \
  --schema-from-file=topic_schema.yaml
```

　Data Catalogを初めて使う場合にAPIを有効化するか聞かれるので、有効化します（yを入力してエンターキーを押します）。

▼ 図6-9：Data Catalog APIの有効化

以下のように表示されれば、APIの有効かとスキーマの割り当てが完了しています。

```
Enabling service [datacatalog.googleapis.com] on project [72231288098]...
Operation "operations/acf.0702fa05-15c3-4f5d-971e-2eec4616cb28" finished
successfully.
Updated entry.
...(以下略)
```

Pub/Subトピックにスキーマが正常に割り当てられたことを確認しましょう。
Data Catalogのコンソール画面を開き、検索枠に「sales topic」と入力して検索します。

6.3 ストリーミングパイプラインの実装

▼ 図6-10：Data Catalogの検索結果画面

salesを選択してスキーマをクリックし、先ほど定義したスキーマが表示されればOKです。

▼ 図6-11：salesトピックのスキーマ定義

6.3.2 Dataflow SQLの実装

　Dataflow SQLの実装には、BigQueryのコンソール画面を使用します。BigQueryのクエリエンジンが切り替えられるようになっており、「Cloud Dataflow エンジン」を利用します。
　SQLを書いて実行する流れでDataflowのストリーミングジョブを実行できるので、BigQueryでSQLを書いて実行している方なら親しみやすい操作感になっています。

◆ Pub/Subトピックへの接続を追加

　BigQueryのコンソール画面を開き、「展開」から「クエリの設定」をクリックします。

▼ 図6-12：クエリの設定

　クエリエンジンを「Cloud Dataflow エンジン」に変更します。
　初回はAPIを有効にする必要があるため、「APIを有効にする」をクリックします。Data Catalog APIは先ほどPub/Subトピックにスキーマを割り当てた際に有効化済みなので、ここではDataflow APIを有効化することになります。

▼ 図6-13：APIの有効化

APIを有効化した後は以下の表示になります。
保存をクリックして「Cloud Dataflow エンジン」に変更します。

▼ 図6-14：API有効化後

これでエンジンを変更できました。
　この状態で左側のナビゲーションパネルの「データを追加」をクリックすると、「Cloud Dataflow のソース」が増えているのでクリックします。

▼ 図6-15：Cloud Dataflow のソースを追加

salesと入力して検索すると、先ほどスキーマの割り当てを行ったトピックが出てきますので、チェックを入れて追加します。

▼ 図6-16：Pub/Subトピックの選択

Cloud Dataflowのソースとして Pub/Sub トピックの sales が追加できました。スキーマを見てみると、先ほど割り当てした定義が読み込めているので、この定義に従ってSQLを書けます。

▼ 図6-17：BigQueryから見たPub/Subトピックのスキーマ

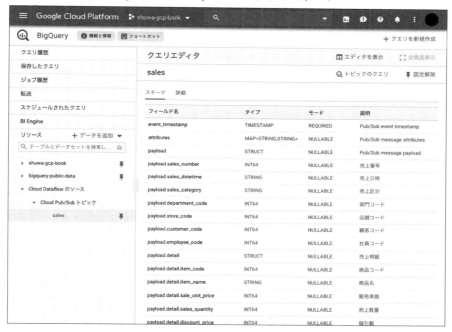

SQLクエリを作成

　スキーマの用意ができたので、次は実行するSQLクエリを作成します。
以下のようにSQLを作成します。

```
SELECT
  payload.sales_number,
  payload.sales_datetime,
  payload.sales_category,
  payload.department_code,
  payload.store_code,
  payload.customer_code,
  payload.employee_code,
  payload.detail.item_code,
  payload.detail.item_name,
  payload.detail.sale_unit_price,
  payload.detail.sales_quantity,
```

```
  payload.detail.discount_price,
  payload.detail.consumption_tax_rate,
  payload.detail.consumption_tax_price,
  payload.detail.sales_price,
  payload.detail.remarks
FROM
  pubsub.topic.`[project-id]`.sales
```

　FROM句のテーブル指定は少し見慣れない書き方になっていますが、Pub/Subトピックのスキーマを表示している時に「トピックのクエリ」を押せば以下のように初期入力してくれるので、それに従います。

```
SELECT  FROM pubsub.topic.`[project-id]`.sales
```

　次に、今回は今までのものとは別のデータセットに読み込み後のテーブルを作るため、BigQueryにstreamデータセットを作成します。既にあるデータセットを使っても問題ありません。

```
$ bq mk stream
```

　それでは、作成したSQLクエリをクエリエディタで実行します。
　「展開」から「クエリの設定」をクリックし、クエリエンジンが「Cloud Dataflow エンジン」になっていることを確認します。
　クエリエディタへ先ほど作成したSQLクエリを貼り付けます。
　このDataflow SQLクエリはBigQueryの通常のSQLクエリと同様に、文法チェックや存在チェックといったバリデーションを実行してくれます。
　クエリエディタの右下にあるアイコンが赤色の！マークの場合は、クリックすることでエラーメッセージを確認できます。
　アイコンが緑色のチェックマークになっていることを確認し、「Cloud Dataflow ジョブを作成」をクリックします。

▼ 図6-18：Dataflow SQLクエリのバリデーション

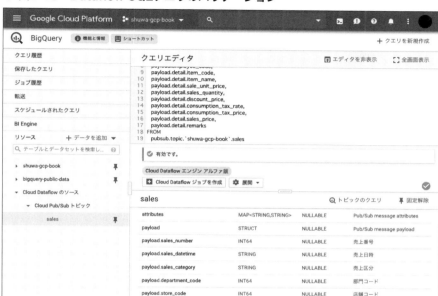

データセットは先ほど作成した「stream」、テーブル名は「sales」を入力し、「作成」をクリックします。

▼ 図6-19：Cloud Dataflowジョブの作成

　Cloud Dataflowジョブの作成が完了し、実行待ちとなりました。おおよそ数分（2分〜4分）でストリーミングジョブが開始されます。
　エラーがある場合はステータスがエラーとなり、エラーメッセージへのリンクが表示されますので、エラーメッセージを見て修正してください。

▼ 図6-20：Cloud Dataflowジョブの実行直後

ジョブIDをクリックするとDataflowのコンソール画面が開き、先ほど作成したジョブの詳細が確認できます。

ジョブが開始すると左側にパイプラインが表示されます。

このパイプラインは、SQLクエリをApache Beamパイプラインに変換したものです。

▼ 図6-21：Cloud Dataflowジョブの詳細画面

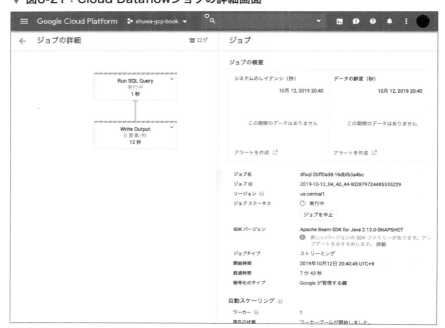

Pub/Subへのデータ投入

Pub/Subへデータを投入し、動作を確認してみましょう。
Pub/Subトピックへメッセージを発行するPythonスクリプトを作成します。
データの値は例です。

```python
#!/usr/bin/env python

import datetime
import json
import os
import random
import time

while True:
    data = {
        'sales_number': random.randrange(1, 9999999999),
        'sales_datetime': datetime.datetime.now().strftime("%Y-%m-%d %H:%M:%S"),
        'sales_category': 'sales',
        'department_code': 205,
        'store_code': 26217,
        'customer_code': 2728336234,
        'employee_code': 3540669664,
        'detail': {
            'item_code': 7118324379,
            'item_name': 'item1',
            'sale_unit_price': 1500,
            'sales_quantity': 1,
            'discount_price': 0,
            'consumption_tax_rate': 10,
            'consumption_tax_price': 150,
            'sales_price': 1650,
            'remarks': 'sample'
        }
    }

    message = json.dumps(data)
    command = "gcloud --project=[project-id] pubsub topics publish sales --message='%s'" % message
    print(command)
    os.system(command)
    time.sleep(random.randrange(1, 5))
```

このスクリプトをCloud Shellで実行します。
ファイルをアップロードし、以下のコマンドを実行します。

```
$ python publish_sales.py
```

このスクリプトはループでPub/Subトピックへメッセージを発行し続けます。停止する場合はCtrl+Cを押してください。

6.3.3 結果の確認

ジョブにデータが流れている様子を見てみましょう。

Dataflowジョブの詳細画面でWrite Outputのオブジェクトをクリックすると、処理の状況が表示されます。「追加された要素数」が増えていっており、この数だけBigQueryへ書き込んでいることが分かります。

▼図6-22：ジョブ詳細で「追加された要素数」が増えている様子

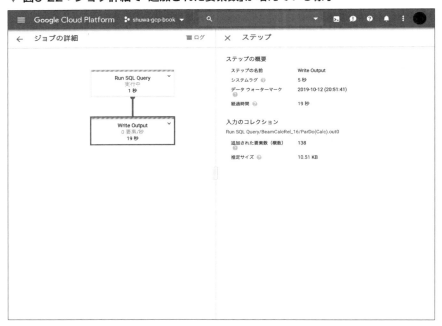

BigQueryのテーブルも見てみましょう。
SELECT句で指定したとおりのスキーマ定義となっています。

▼ 図6-23：ジョブで作成されたstream.salesテーブル

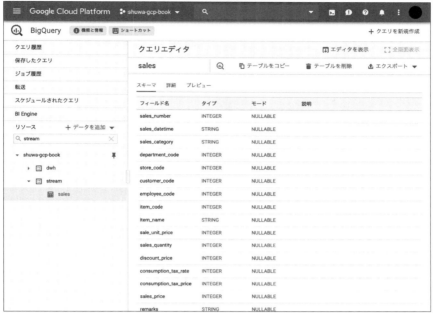

　ストリーミングインサートしているため、プレビューでは少し時間が経ったデータが表示されます。

　クエリを書けばインサート直後のデータも見られるので、確認してみましょう。

　まずは、クエリエンジンを「BigQuery エンジン」に戻し、以下のクエリを実行します。

```
SELECT * FROM `shuwa-gcp-book.stream.sales`
```

　クエリ結果から、スクリプトで投入したデータがテーブルに書き込まれていることを確認できます。

▼ 図6-24：stream.salesの検索結果

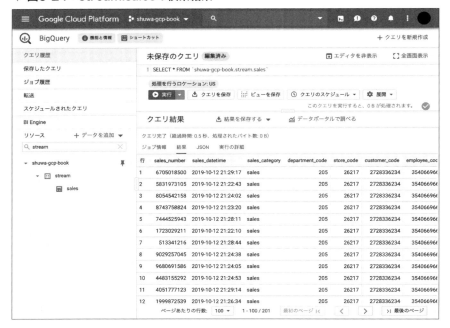

Dataflowジョブを停止するには、Dataflowのジョブ詳細画面で「ジョブの中止」をクリックします。

▼ 図6-25：ジョブの中止

ジョブ名	dfsql-2bff0a38-16dbfb3a4bc
ジョブ ID	2019-10-12_04_40_44-902879724485535229
リージョン	us-central1
ジョブ ステータス	実行中
	ジョブを中止

ジョブを止める方法として「キャンセル」と「ドレイン」がありますが、ここでは「キャンセル」を選択して「ジョブを中止」をクリックします。

「ドレイン」はパイプラインを停止する際、データの損失を防ぎたい場合に有効な機能です。

▼ 図6-26：ジョブの停止方法

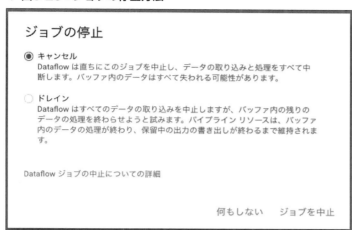

> **Column** SQLクエリを変更したい場合は？

　SQLクエリを変更するには、新たなSQLクエリでジョブを実行した後に、既存のジョブを停止します。

　BigQueryのコンソール画面のジョブ履歴から、「Cloud Dataflow」のタブをクリックすると見ることができます。行をクリックすると、ジョブの詳細が確認できます。

▼ 図6-27：ジョブ履歴

ストリーミング処理でのデータ収集

「クエリをエディタで開く」をクリックすることでSQLクエリがクエリエディタに展開されるので、変更して再度「Cloud Dataflow ジョブを作成」をクリックしてジョブを実行します。

ジョブが開始したのを確認した後に、既存のジョブを停止します。

レポート用のビューを作成

レポート用にマスタと結合したビューを用意しましょう。
以下はそのSQLクエリです。

```sql
SELECT
  sales.sales_number,
  PARSE_DATETIME('%Y-%m-%d %H:%M:%S', sales.sales_datetime) AS sales_datetime,
  sales.sales_category,
  division.division_code,
  division.division_name,
  sales.department_code,
  department.department_name,
  sales.store_code,
  customer.customer_code,
  customer.birthday,
  customer.sex,
  customer.zip_code,
  sales.employee_code,
  sales.item_code,
  sales.item_name,
  sales.sale_unit_price,
  sales.sales_quantity,
  sales.discount_price,
  sales.consumption_tax_rate,
  sales.consumption_tax_price,
  sales.sales_price,
  sales.remarks
FROM
  `[project-id]`.stream.sales AS sales
LEFT JOIN
  `[project-id]`.import.department department
ON
  sales.department_code = department.department_code
```

```
LEFT JOIN
  `[project-id]`.import.division division
ON
  department.division_code = division.division_code
LEFT JOIN
  `[project-id]`.import.customer customer
ON
  sales.customer_code = customer.customer_code
```

ビューを作る際には、クエリエンジンをBigQueryエンジンに戻してから実行する点に注意してください。

クエリエディタに上記のSQLクエリを貼り付け、「ビューを保存」をクリックします。ここではdwh.stream_salesビューとして保存します。

▼図6-28：ビューの保存

このビューを使ってデータポータルのレポートを作ることで、常に最新のデータを分析に利用できます。

おわりに

先輩、販売企画部からきている、マーケティング部のバスケット分析結果※へのアクセス権付与の要望、対応できてますか？

ごめんなさい、マーケティング部との調整は終わっているのだけど、まだ着手はできてないわ。あと、スプレッドシートではなくデータポータルならもっと早く提供できるって伝えておいて

わかりました。今までメールでやりとりをしていたそうなので、早く対応して貰えると非常に助かるそうです

期待度が高いのはわかるんだけど、少しはこちらの事情も考えて欲しいわね……。色んな部から要望がくるようになって正直人手が足りないわ

部によって持っている環境が違うことも分かりましたね。販売企画部がAWSを使っていることは知りませんでした

今では、私達が一番横断的に環境とデータを見ていることになるでしょうね

お疲れ様。いつも頑張っているようだね。ちょっと君達に大事な話があるんだが、時間は良いかな？

部長！　お疲れ様です。はい、大丈夫です

君達には販売管理部で基幹システムの保守の一環として、クラウドのデータ分析基盤開発の実証実験をしてもらっていたんだが、既に分析基盤を実運用に採用している部門もあるようでね。実態に即するために、新しく体制を変更することになったよ

ということは、私の最初の企画が採用されたということでしょうか？

そうだね

ちょっと話についていけていないのですが……。体制変更？

なんだ、ここまでやってくれていて、まだ君は聞いていなかったのか。君の先輩から提案された企画書では、データ分析基盤開発を通したデータエンジニアの育成とデータエンジニアリング部門の創設まで書かれていてね。まさにその通りに体制を作ることになったんだよ

ええっ！？ 初耳です。そんな構想があったんですね……

上手くいくかわからなかったから、あなたに変な期待を持たせたくなくてね。でも、あなたがとても優秀だったから、おかげで私の提案が実現したわ

じゃあ、最初に言っていた私の新しい道っていうのは……

そう、データエンジニアとしての道ね。元々マーケティング部志望って聞いていたから、データエンジニアは、エンジニアとしてマーケティング戦略に関われる最適なポジションだと思ってるわ。きっと今の仕事よりやりがいがあるはずよ

これから事業の成長を加速させるためにも、分析工数の削減と効率化は会社の重要なミッションとなっていくはずだ。新しい部での君達の活躍には大いに期待しているから、今回学んだ力を存分に発揮してくれたまえ

はい！

※ バスケット分析：買い物カゴ単位で一度に購入される商品の関連を分析する手法

　本書では、ここまでBigQueryを中心に様々なサービスを利用して、実践的なビッグデータ分析基盤開発に関するノウハウをご紹介してきました。

　データ分析においてBigQueryは非常に高いコストパフォーマンスを発揮することで知られており、ビジネスシーンにおけるクラウドプロバイダーの選定理由として第一にBigQueryの利用が挙げられることもあります。サービス公開から現在までのBigQuery自体の進化もさることながら、GCP上の周辺サービスも拡充を続けており、その動向からは目が離せません。本書では紹介しきれませんでしたが、位置情報を分析できる一般公開となったBigQuery GISや新機能として発表されたBigQuery BI Engine、データ統合を実現するCloud Data Fusionとの連携など、BigQueryを基軸として企業の課題解決と意思決定を加速させる仕組みは既にGCPの中に取り揃えられています。

　組織を改革し、ビジネスの仕組みを変えることは、簡単なことではありません。しかし、社内外のビッグデータを活用し、今まで以上に早いサイクルで経営戦略を策定できるようデジタルトランスフォーメーション（DX）を推進していかなければ、現代のデジタル競争社会で勝ち残っていくことは難しいでしょう。GCPを活用することで、企業が市場の変化に迅速に対応できるようになり、他にはない競争力を得ることができます。重要なことは、GCPに限らずクラウドは変化し続ける性質を持っているため、エンジニアのみならず経営層もまた、その変化を受け入れる意識と体制づくりが求められているということです。本書で学んだGCPの優位性や可能性が、企業におけるデータを起点とした組織改革の一助となって頂ければ幸いです。

　さて、本書の纏めとして、物語のデータ分析基盤がどのようなアーキテクチャになったのかを見てみましょう。

▼ 図e-1：データ分析基盤のアーキテクチャ

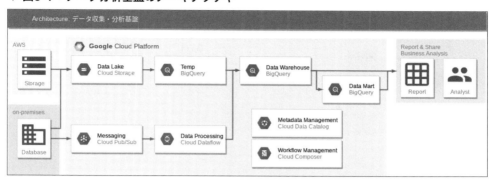

　GCPはいま最も成長し進化を続けているクラウドです。
　本書でデータ分析基盤構築の知識を学んだ後は、実際にGCPを活用して圧倒的な生産性とコストパフォーマンス、そしてGoogle技術の先進性を体感してください。
　最後に、弊社TOPGATEではGCPやGoogle App Engine (GAE)、Android 、機械学習などを用いた、Web・アプリ開発やコンサルティングを行っております。GCPでシステムの構築をご検討の際は是非ご相談ください。

著者紹介

工藤　雅人 （くどう まさと）
担当：前書き、後書き、第1章、会話文他
2児の父。フルスタックエンジニア(もどき)

鈴木　達彦 （すずき たつひこ）
担当：第2章、第3章、第6章他
インフラからアプリまで幅広くやるエンジニア

上野山 顕 （うえのやま あきら）
担当：第3章、第4章
うさぎ好き。BigQuery信仰エンジニア

高木　智春 （たかぎ ともはる）
担当：第5章
犬好き。下町を愛するエンジニア

株式会社トップゲート
2006年7月　代表取締役・加藤昌樹一名にて、ITアーキテクトのコンサルティング会社として設立
2009年7月　Google App Engine / Java にてシステム開発を開始
2013年2月　Google Cloud Platform (GCP)のサービスパートナー締結
2014年9月　日本国内のサードベンダーで初めて GCP 認定トレーニングパートナー認定
2017年8月　GCPのプレミアサービスパートナーの認定を取得
2018年7月　2017 Google Cloud Japan Partner of the Year 受賞
2019年4月　2018 Google Cloud JAPAC Services Partner of the Year 受賞

Google Cloud Platform
実践ビッグデータ分析基盤開発
ストーリーで学ぶ
Google BigQuery

発行日	2019年 12月 8日	第1版第1刷

著　者　　株式会社トップゲート

発行者　　斉藤　和邦

発行所　　株式会社　秀和システム
　　　　　〒135-0016
　　　　　東京都江東区東陽2-4-2　新宮ビル2F
　　　　　Tel 03-6264-3105（販売）　Fax 03-6264-3094

印刷所　　日経印刷株式会社　　　　Printed in Japan

ISBN978-4-7980-5956-3 C3055

定価はカバーに表示してあります。
乱丁本・落丁本はお取りかえいたします。
本書に関するご質問については、ご質問の内容と住所、氏名、
電話番号を明記のうえ、当社編集部宛FAXまたは書面にてお
送りください。お電話によるご質問は受け付けておりませんの
であらかじめご了承ください。